陕西省城乡公共空间风貌特色引导

陕西省住房和城乡建设厅

中国建筑工业出版社

图书在版编目（CIP）数据

陕西省城乡公共空间风貌特色引导 / 陕西省住房和城乡建设厅主编. —北京：中国建筑工业出版社，2018.1
ISBN 978-7-112-21776-2

Ⅰ. ①陕…　Ⅱ. ①陕…　Ⅲ. ①城乡建设－公共空间－研究－陕西　Ⅳ. ①TU984.241

中国版本图书馆CIP数据核字（2018）第009311号

城乡风貌特色营建是我国新型城镇化发展中的重要内容，对于增强中华文明自信、实现中华民族伟大复兴具有积极意义。本书是城乡风貌系列研究的拓展与深化，用理论指导实践，用实践践行理论，不断丰富和完善城乡风貌特色研究的框架体系。

本书适用于从事相关领域的政府部门、设计单位和致力于风貌特色相关问题研究的专家学者、高校师生及社会各界等。

责任编辑：咸大庆　赵晓菲　朱晓瑜
书籍设计：锋尚制版
责任校对：王　瑞

陕西省城乡公共空间风貌特色引导
陕西省住房和城乡建设厅
*
中国建筑工业出版社出版、发行（北京海淀三里河路9号）
各地新华书店、建筑书店经销
北京锋尚制版有限公司制版
北京富诚彩色印刷有限公司印刷
*
开本：787×1092毫米　1/16　印张：20¼　字数：240千字
2018年2月第一版　2018年2月第一次印刷
定价：150.00元
ISBN 978-7-112-21776-2
（31619）

《陕西省城乡公共空间风貌特色引导》

序

城乡风貌特色营建是我国新型城镇化发展中的重要内容，对于增强中华文明自信、实现中华民族伟大复兴具有积极意义。城乡公共空间是城乡魅力景观的集中体现与多元文化的重要载体。习近平总书记在党的十九大报告指出，“深入挖掘中华优秀传统文化蕴含的思想观念、人文精神、道德规范，结合时代要求继承创新，让中华文化展现出永久魅力和时代风采”。《中共中央国务院关于进一步加强城市规划建设管理工作的若干意见》明确提出，“有序实施城市修补和有机更新”，“加强文化遗产保护传承和合理利用……更好地延续历史文脉，展现城市风貌”。中共中央办公厅、国务院办公厅《关于实施中华优秀传统文化传承发展工程的意见》明确提出，“提炼精选一批凸显文化特色的经典性元素和标志性符号……合理应用于城市广场、园林等公共空间”。

近年来，陕西省委、省政府不断创新规划理念、完善规划管理制度、提高城乡治理水平，制定出台一系列政策措施，全面推动全省城乡风貌建设。陕西省住房和城乡建设厅围绕城乡风貌总体构架、建筑风貌、城市设计等重点内容开展了系列研究，对城乡风貌特色塑造起到积极的示范引领作用。开展城乡公共空间风貌特色研究工作，是城乡风貌系列研究的拓展与深化，用理论指导实践，用实践践行理论，不断丰富和完善城乡风貌特色研究的框架体系。2017年以来，陕西省住房和城乡建设厅城镇化研究中心组织西安建筑科技大学、中建西北建筑设计院、西北大学等科研院所开展了相关研究，研究紧抓“公共空间”这一城乡风貌营建的核心要素，深入剖析陕西城乡公共空间风貌现状、凝练陕西城乡环境特色，以深入剖析提炼传统文化、地域特色等元素符号为路径，以街区空间风貌、公共建筑、广场园林等公共空间资源为切入点，深入发掘城乡历史文化价值，挖掘地域文化资源，传承优秀传统文化内涵，并纳入城镇化建设、城乡规划设计。同时，进行实践案例示范，进而推进全省城乡风貌特色的营建与实施。

关于公共空间风貌特色，学界业界见仁见智。公共空间涉及类型多种多样，分布区域广泛，本书不求面面俱到，仅从政府管理层面指导公共空间风貌营建的角度将核心内容聚焦到公共建筑主导下的文化、体育、娱乐、医疗、科研、商业、街道、公园、广场等公共空间中，如博物馆、展览馆、文化中心、体育场馆、学校、医院、商场等，包括公共空间风貌中的空间整体形态、建筑风貌与环境景观三方面要素，侧重点为建筑外部的公共环境部分。希望能够对从事相关领域的政府部门、设计单位和致力于风貌特色相关问题研究的专家学者、高校师生及社会各界等，提供参考与帮助。

杨冠军

2017年12月29日

目　录

绪 论

一、研究意义

党的十九大报告提出："坚定不移贯彻新发展理念，坚决端正发展观念、转变发展方式……建设美丽中国，为人民创造良好生产生活环境……完善公共文化服务体系，深入实施文化惠民工程，丰富群众性文化活动……"，明确了中国特色社会主义建设发展的新导向。

城乡风貌特色营造作为贯彻落实中国特色社会主义建设的重要内容，也是新型城镇化发展的重要支撑；而城乡公共空间作为民众日常生活的重要场所，是城乡魅力景观的集中体现与多元文化的重要载体，对提升城乡环境品质、综合竞争力及大众满意度具有积极的意义。在中华民族伟大复兴与增强文化自信的时代背景下，在建设美丽中国与体现以人民为中心的发展理念的指引下，作为中华文明发源地的陕西，如何在公共空间的建设中传承文化特色、彰显生态特色、塑造空间特色、提升品质特色等已成为城乡发展的重要课题。

2015年，中央城市工作会议指出，"要加强对城市的空间立体性、平面协调性、风貌整体性、文脉延续性等方面的规划和管控，留住城市特有的地域环境、文化特色、建筑风格等'基因'……打造自己的城市精神，对外树立形象，对内凝聚人心"。2017年1月，中共中央办公厅、国务院办公厅《关于实施中华优秀传统文化传承发展工程的意见》提出，"提炼精选一批凸显文化特色的经典性元素和标志性符号……合理应用于城市广场、园林等公共空间"。2017年3月，住房城乡建设部《关于加强生态修复城市修补工作的指导意见》指出，"提升环境品质，增加公共空间……塑造城市时代风貌，均明确了城乡公共空间风貌特色的地位及塑造导向"。

因而，适时开展陕西省城乡公共空间风貌特色研究工作，传承经典的传统城乡空间营建智慧，明确城乡公共空间的风貌特色塑造要求，对于落实国家政策方针与建设人民城市的思想、彰显与传承陕西历史文化内涵、指导省域城乡公共空间设计、提高陕西城乡整体竞争力及公共空间活力、营建在地化的城乡公共空间与塑造陕西城乡特色风貌意义重大。本研究以陕西省域为范围，在已有《陕西省城乡风貌特色研究》的成果及《城乡公共空间管理条例》等行政法规基础上，结合陕西省情，秉承全省城乡风貌特色研究的大思路，对省域城乡公共空间风貌特色进一步展开研究，提出针对城市、城镇、乡村三大对象，立足关中、陕北、陕南三大区域，划分传统、融合、现代三大类型等“三个三”的省域城乡公共空间风貌特色塑造思路，以推进全省城乡公共空间风貌特色的营建与实施。

关于公共空间环境品质及特色塑造的研究成果众多，但从系统上建立更具操作性的公共空间风貌特色塑造策略及控制引导路径的研究较少；同时，公共空间相关研究多集中于城市层面，在城镇与乡村公共空间的风貌特色塑造方面涉及不多，缺乏行之有效的方法指导。在当前新时代发展背景下，适时开展城乡公共空间风貌特色研究工作，传承经典的传统城乡空间营建智慧，明确城乡公共空间的风貌特色塑造要求，对于落实国家有关政策方针和建设人民城市的思想、塑造在地化的城乡公共空间、提高陕西公共空间活力及城乡整体竞争力具有积极意义。

（一）明晰思路策略、指导规划建设

在国家政策导向、住房城乡建设部相关要求指导下，陕西已从不同

层面及不同程度上开展城乡公共空间风貌特色塑造工作，陕西省住房和城乡建设厅目前已开展《陕西省城乡风貌特色研究》工作、出台《城乡公共空间管理条例》，为省域城乡空间特色塑造起到重要的引领作用。

本次研究作为省域城乡风貌特色研究工作的深化与具体落实，在结合陕西自身的自然地理与历史文化特性前提下，通过对陕西省城乡传统公共空间特征及特色本底要素的特征凝练，明确不同地区的特色内涵，一方面，从总体层面上进一步明确陕西省域城乡公共空间风貌特色营建的思路与策略，规范各区域、各层次公共空间风貌特色规划编制工作的重点与关键内容；另一方面，作为公共空间风貌特色塑造的研究示范，促进省域各城市开展公共空间风貌特色的相关研究工作，进而保障省域内城乡公共空间风貌特色塑造工作的层次化开展，整体系统地建设省域城乡特色空间环境。

（二）解决现实问题、整理空间秩序

我国已经进入全面建设小康社会的攻坚阶段和新型城镇化发展的关键时期，城市发展建设亟待从外延粗放型向内涵提质型转变，注重环境保护和生态平衡、追求回归自然本源已成为新型城镇化的重要特征。城乡公共空间逐渐成为衡量城乡整体建设水平的重要标志，其建设和发展也成为城乡规划与建设的关键问题和人们关注的热点。创造回归自然的完美的城乡公共空间和人居环境，提高人类生存环境质量，进而达到诗意般的安居环境，让城乡更有生机和活力，也是新时代背景下对城乡公共空间设计的要求和诠释。

独特的地理自然环境及深厚的历史人文积淀使陕西城乡风貌建设呈现出鲜明的特色与魅力。多年来，全省各地积极开展空间特色建设与品质塑造工作，取得了显著成效，但在实际建设中，依然存在地域特色彰显不明、生态环境和文化内涵与空间融合度不紧密、空间缺乏人文关怀等诸多问题，适时开展城乡公共空间风貌特色研究工作，对完善城乡公共空间秩序、提升公共空间品质具有重要的现实意义。

二、发展回顾

多年来，陕西省委、省政府制定出台一系列政策措施，全面推动全省城乡风貌建设，尤其在城乡公共空间风貌特色建设方面不断取得新进展，涌现出黄帝陵文化园（图0-1）、西安市大明宫丹凤门广场（图0-2）、陕西省历史博物馆（图0-3）、西安钟鼓楼广场（图0-4）、西安南门广场、宝鸡石鼓山青铜博物馆（图0-5）、西安汉长安城遗址公园（图0-6）、咸阳市秦咸阳宫博物院、渭南市文化艺术中心、渭南韩城市梁代村遗址博物馆、杨凌区农博园、杨凌国际会展中心、延安革命纪念馆（图0-7）、延安干部学院、榆林文化艺术中心、汉中西汉三遗址、商洛棣花古镇（图0-8）、咸阳袁家村关中民俗体验地等诸多富有特色的城乡公共空间。随着全省城乡风貌建设的不断推进，各地市根据自身的区位、自然环境、资源禀赋、历史文化等条件，加大城乡风貌特色建设力度，努力开展重点公共空间的城市设计与风貌特色塑造相关工作，取得了许多体现地域特色城乡公共空间的建设经验。

图0-1　山水人文景观交融的延安黄帝陵整体景象

图0-2　彰显盛唐气度的大明宫国家遗址公园御道广场空间景象

图0-3　彰显古都气势，兼收并蓄传统园林和民居文化内涵的陕西省历史博物馆

图0-4　晨钟暮鼓主题向古今双向延伸设计的西安钟鼓楼广场公共空间特色景观

图0-5 融合自然环境的宝鸡石鼓山青铜博物馆

图0-6 文化与生态相融的汉长安城遗址公园

图0-7　融入地域自然环境与历史文化氛围的延安革命纪念馆空间特色景观风貌

图0-8　山水生态与地域文化有机融合的商洛棣花古镇空间总体景象

同时，随着规划理念的不断创新，规划管理制度的逐步完善与城乡治理水平的不断提高，城乡规划的控制力度和引导作用也得到相应强化。一方面，陕西省住房和城乡建设厅组织出版《陕西省城乡风貌特色研究》、省域医疗建筑图集、美丽乡村建设图集、中小学建设图集等众多成果，开展了《陕西省城市设计技术与管理方法研究》等工作；另一方面，省域各城市也积极开展公共空间特色建设试点工作，对城乡公共空间的风貌特色塑造起到积极的示范与引领作用。

（一）建设成就

总体来说，陕西城乡公共空间建设成就可概括为凸显历史文化内涵、融入自然生态本底、回归人民生活本源等三方面。

1. 凸显历史文化内涵的城乡公共空间建设

陕西作为中华文明的重要发祥地，曾长期作为我国政治、经济与文化中心，保留着诸多体现中华民族悠久灿烂历史与博大精深文明的物质和非物质文化遗产。陕西是古“丝绸之路”起点，也是近代中国革命的摇篮，丰富的历史文化资源在彰显地域文化特色的同时，也逐步融入城乡空间建设中，而城乡公共空间作为建设成就的核心体现，对陕西历史文化内涵的凸显起到了重要的承载与支撑作用。

近年来，涌现出诸多映现历史文化特色的公共空间。在原唐代芙蓉园遗址以北重新建造的大唐芙蓉园（图0-9），是中国第一个全方位展示盛唐风貌的大型皇家园林式文化主题公园，充分依托周边丰富的文化资源和人文胜迹，再现历史文化景观。咸阳市文咸广场以秦文化为主线，充分挖掘商鞅变法的历史文化，并以秦币广场为主题，将书同文、车同轨等文化通

图0-9 彰显盛唐景象的大唐芙蓉园整体风貌

过景观小品予以活化展示。宝鸡市西虢文化广场以西虢历史文化为核心，通过虢龙纹、饕餮纹等造型体现西周文化内涵。渭南市文化艺术中心坚持“立足文化、面向群众”的导向，建设集综艺演出、大型会议、群众文化活动、艺术培训、陈列展览为一体的综合艺术中心，收集有刺绣、皮影、泥塑、石刻等民间工艺品，为群众开展免费的公共文化艺术服务，丰富民众生活、彰显地域文化。延安枣园文化广场以红色革命文化为魂，通过对延安革命时期的社会生活、文化进行深度解读与表达，彰显延安红色文化、历史文化、民俗文化的现代精神和时代价值。汉中天汉长街以汉文化为主题，突出“汉、水、绿”一体景观形象，全面提升汉中城市形象（图0–10）。

2. 融入自然生态本底的城乡公共空间建设

陕西地跨山区、平原与高原等不同地貌，形成了特色鲜明的陕北、关中、陕南三大地理单元与独具特色的地景格局，为城乡公共空间风貌特色塑造铺垫了重要的自然本底。

图0-10　山水城交融共生的汉中市天汉长街整体风貌

图0-11 田园休闲、湿地生态涵养、城市游憩等功能于一体的西咸新区沣河湿地景观

近年来，全省在“海绵城市”、“生态修复”等理念指导下建设了诸多生态特色鲜明的城乡公共空间。如西安依托历史上“八水绕长安”水系建设的浐灞国家湿地公园，不仅具有重要的生态涵养价值，也为市民提供了宜居生活场所。西咸新区沣河湿地公园建设包括城市景观区、田

园景观区、自然景观区与湿地公园区、文化艺术区、休闲活动区、社交公园区等诸多功能区，全方位展示田园城市空间特色景象（图0–11）。汉中汉江湿地公园以原生湿地岛为基础，通过修补方式种植湿地植物和乡土植物，建立完整的植物生态群落，发挥湿地效应，丰富城市景观，对

汉中中心城区的环境调节、生态涵养、灾害防治及人居环境品质的建设都具有重要的意义。榆林榆溪河生态公园位于榆林主城区，规划设计中以“保护+修复”为理念，以地域景观风貌和生态环境为特色，突出地域生态特质和文化氛围，形成集生态、文化、休闲功能于一体的生态公园（图0-12）。杨凌渭河湿地公园秉承“微创、微设计”的营建理念，最大限度保持水域原生态环境，建设以水生态特色为主题，集生态体验游乐、农耕文化展示、体育健身休闲于一体，兼顾城市防洪、生态保护功能的湿地生态公园（图0-13）。

3. 回归人民生活本源城乡公共空间建设

城乡公共空间环境品质是人民对美好生活向往的重要承载内容，也是“人民城市”建设思想的外在显现。

近年来，全省各地加快营造和谐宜居环境为目标的各类公共空间的建设步伐。西安环城公园是一处以明清西安城墙、护城河、环城林带三位一体的立体化公园，不仅是城市居民的休闲活动空间与城市记忆的标志，也成为了体现西安历史人文厚重感的重要场所（图0-14）。西安城市运动公园位于西安北城经济开发区中心位置，是一个以球类运动为主，兼具休闲游憩功能的生态型运动主题公园，体现人与自然的互动融合，可满足各层次和年龄段的人群休闲娱乐需求，使公园真正融入市民生活。延安文安驿古镇文化园在保持陕北古村落肌理风貌基础上，以文安驿古驿站为核心，以原生村民社区为延伸，立足古镇风貌保护，彰显地域文化特色，将文安驿建设为集精品住宿、特色餐饮、主题文化展示和人文体验等功能于一体的复合型功能区。着力表现古镇驿站文化、道情文化、窑居文化、知青文化等陕北本土特色文化，呈现千年“古道”驿站、百

图0-12　人文与生态景观重塑的榆溪河湿地景观

图0-13　微整微创式生态修复的渭河湿地景观

图0-14　文化展示、生态保护、市民休闲于一体的西安环城公园特色风貌

年“窑居”建筑群落、千名“知青”记忆的文化体验场所，唤起乡愁记忆，回归生活本真（图0-15）。此外，为丰富市民群众精神文化生活，近年陕西各地市均积极推进市民文化艺术中心建设工作，将地域传统文化的传承与弘扬、城市特色文化的传播与交流融入公共空间的功能与环境景观之中，塑造城市精神文化生活新地标与文化生活新体验空间。

（二）发展不足

尽管陕西城乡公共空间建设成就斐然，风貌特色塑造有序健康开展，但依然有较多方面需要进一步完善，尤其在公共空间风貌特色塑造方法策略等方面亟需进行经验总结和必要引导，从整体上对地域特征、文化特色、生态环境、人文关怀等方面予以深入梳理和研究。目前，陕西省城乡公共空间建设中主要存在以下几方面不足：

图0-15 唤起乡愁记忆、回归生活本真的延安文安驿古镇风貌

1. 人本性体现不足

部分公共空间忽略人性化设计。表现在尺度不尽合理、环境设计缺乏行为研究、公用设施配套不足等方面，导致公共空间使用率低，空间氛围消极化。

2. 本土特色彰显不足

部分公共空间缺乏对城乡环境特色、人文特色、建筑特色、空间布局特色等深入的研究与分析，生搬硬套其他地区建设经验，牺牲本土特色，造成建筑风格不统一，景观环境千篇一律。

3. 精细化设计不足

面向公众生活需求的“精细化”与“细节化”设计是城乡公共空间建设的重要内容。部分公共空间对居民日常生活相关的空间、设施、细部等需求关注不够，导致公共空间设计停留在蓝图式的模式描绘上，缺少细节设计与关怀。同时，精细化需求背景下的相关技术研究和控制准则制定也不够。

三、研究框架

（一）研究重点

公共空间从不同角度可以有不同的界定方法与类型。狭义的公共空间概念一般是指那些供城市居民社会生活共同使用的室外空间，包括街道、广场、居住区户外场地、公园、体育场地等具有公共活动属性的场所。根据居民的生活需求，在城市公共空间可以进行交通、交往、休闲、运动、表演、展览、商业、游览、节日集会等各类活动。城市公共空间的广义概念可以扩大到公共设施用地的空间，例如城市中心区、商业区、交通节点、门户区域、开放空间等。

中国古代“公共”一词多指普遍性而言，如《释名》中写道：“江，共也。小流入其中，所公共也”，公共空间多为酒肆、集市、街道、游园、寺院道观等。现代公共空间概念更强调空间的开放性与人群活动的参与性。

国外学者从研究视觉心理与场所关系、城市印象的认知基础出发，建立了公共空间体系，凯文·林奇提出城市空间感知的“道路、界面、区域、节点、地标”等五要素，也是对城市公共空间的一种理解。

当然，也有学者认为，随着人们活动空间的日益扩大及活动形式的日趋多元，公共空间已逐渐从城乡内部延展到外部，向广袤的山水与田园环境中拓展，如聚集游人并带有公共活动属性的河流山川（图0-16、

图0-16　黄河乾坤湾山水景观

图0-17）、大地景观（图0-18）、人文胜迹等也可归为广义的公共空间之中。虽然此类公共空间大多分布于城乡建设环境之外的区域，但此类空间往往具有跨区域性及背景性特征，对城乡公共空间风貌具有整体性影响和第一印象作用，也应给予充分关注。

综上所述，公共空间涉及类型多种多样，分布区域广泛。从政府管理层面角度看，本研究将核心内容聚焦在狭义的公共空间概念内，主要

图0-17　巍峨的秦岭山脉景观

图0-18 陕南茶园大地景观

研究公共建筑主导下的文化、街道、广场、公园、商业、教育等外部空间场所，如博物馆、展览馆、文化中心、体育场馆、学校、商场等，主要涉及公共空间风貌中的空间整体形态、建筑风貌与环境景观要素。另外，由于乡村地域范围较小，与外界自然环境紧密度高，公共服务空间类型有限，因而本研究将乡村公共空间延伸到周边田园游憩空间中。

（二）总体思路

本次研究包括三部分内容：

第一部分，明确本次研究的重要意义及陕西省城乡公共空间风貌特色建设的成就与不足。

第二部分，从文化、生态、生活、建设等方面对陕西省城乡空间风貌特色进行提取与凝练，为后续公共空间景观风貌特色塑造提供基础支撑。

第三部分，作为已有《陕西省城乡风貌特色研究》成果的进一步深化与具体落实，本研究结合公共空间的特征，在既有成果“三个三”的研究思路与框架基础上作调整，提出立足城市、城镇、乡村三大对象，针对关中、陕北、陕南三大区域，划分传统、融合、现代三大应用类型的新“三个三”的省域城乡公共空间风貌特色塑造与引导思路。

在类型划分中，本研究重点从政府管理实施角度出发，结合陕西省城乡公共空间的建设现状，按照公共空间所呈现的整体景象与文化氛围，确定传统型、融合型及现代型三大公共空间风貌应用类型。传统型指以传统风貌特色为主、突出传统建筑风格及环境景观、传统材料与工艺技术、传统空间尺度为主要特征的公共空间；融合型指传统符号与现代设计相融合，传统符号包括文化主题、建筑风格、环境景观、空间氛围等方面，既有传统印记的直接传承，也有传统文化的演绎传承等；现代型指主要以现代建筑风格及环境景观、设计手法等为特征的公共空间。

当然，在实际案例中，三种公共空间风貌特色应用类型并没有绝对的区分，往往相互穿插，本研究仅为论述简便而抛砖引玉，目的在于启示更为丰富的风貌引导策略。

（三）技术框架

技术框架见图0-19。

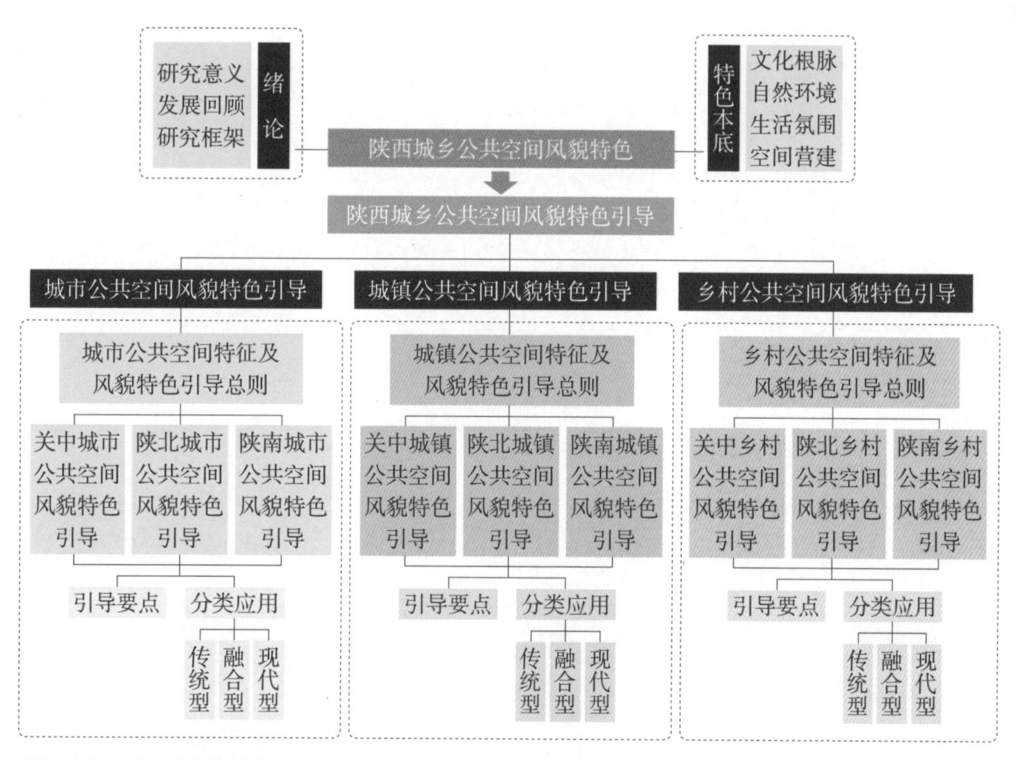

图0-19 技术框架图

第一章

陕西省城乡空间风貌特色认知

城乡空间特色受自然环境、地域文化、生活习俗、建设传统及产业发展等诸多因素影响，本研究主要选取对城乡公共空间风貌特色塑造影响较大的文化、自然、生活及营建等四方面本底进行认知与提取，为后续公共空间风貌特色引导提供基础支撑。

一、文化基因——华夏根基、文明之源

陕西历史文化底蕴深厚，历经以华胥生伏羲、女娲造人、炎黄伊始为特征的中华文明初创期；以西周礼制、九宫营城、智慧经典为特征的中华文明奠基期；以春秋战国、百家争鸣、大秦一统为特征的中华文明集成期；以汉唐盛世、帝都源脉、丝绸之路为特征的中华文明辉煌期。其中：

（一）关中地区——文明溯源地、千年帝王都

关中地区分布着众多远古遗址，蓝田猿人遗址、半坡遗址、姜寨遗址等是关中作为人类文明发祥地的重要见证，杨官寨遗址与周原遗址见证了中国早期城市的雏形。自西周丰镐二京择沣水而立，先后有十三个王朝在关中建都，历时1700多年。关中大地上分布了众多都城遗址（图1–1）、帝王陵墓、宫观别苑（图1–2），历经周、秦、汉、唐四大王朝的发展，达到了中国乃至东方古代文明的高峰。

（二）陕北地区——民族交融、革命摇篮

陕北地区历史悠久、文化灿烂。榆林神木县石峁遗址是国内已发现的龙山晚期到夏早期规模最大的城址，是探寻中华文明起源的窗口。有天下第一陵之称的华夏先祖轩辕黄帝陵，从春秋时期开始即为历朝历代国家大祭场所，见证了中华五千年文明史。以延安为中心的陕北地区更是红色文化圣地和中国革命的摇篮，这片黄土地上分布着众多红色文化资源，是中国革命走向成功的大后方和核心策源地（图1–3）。此外，陕

北地区自古即为农牧文化交融区，以统万城遗址（图1-4）、古长城遗址（图1-5）为代表的防御景观广泛分布。

图1-1 唐大明宫复原想象图及现状遗址公园总体景观

图1-2　曾为唐代皇家园林的西安曲江遗址公园景观

图1-3 延安市宝塔山景观

图1-4　匈奴王都——榆林市统万城遗址

图1-5　农牧交汇区景观——榆林明长城遗址

图1-6 连接关中帝都与川蜀天府的秦岭古道——汉中石门栈道

（三）陕南地区——文化荟萃、商贸繁盛

秦巴山脉是我国“生道、融佛、立儒”之地，是三秦文化、巴蜀文化、三国文化、荆楚文化等多元文化的集中交融地。陕南地区自古即为帝都长安通往四川蜀地的必经之地，境内古道纵横（图1-6），古道沿线保有丰富的历史文化遗产，对区域文化交流影响深远。

二、自然本底——山水大境、生态宝库

陕西省域南北狭长，北部黄土高原雄浑壮阔，能源矿产富集；中部关中平原地势平坦，自古就有“八百里秦川”的美誉；南部秦巴山地，巍峨秀美，动植物种类多样，被誉为“绿色资源的宝库”。

（一）关中——沃野千里、风光秀美

关中平原四面雄关盘踞，易守难攻，境内良田沃野，阡陌纵横（图1-7），不仅具有良好的自然生态条件，更孕育了我国历史上十三个王朝，奠定华夏灿烂文明的根基。

（二）陕北——浑然壮阔、黄土大漠

陕北自然地貌景观独特，以黄土塬、梁、峁和各类沟壑为主（图1-8），北部为风沙区。陕北黄土地区河流众多，沟壑密集，依托河流形成典型的树枝状水系结构，主、次、支河谷生态网络层次分明。长城沿线是黄土高原与毛乌素沙地交界区，形成壮阔的大漠风光，大漠、寨堡、

图1-7 “八百里秦川”美誉的渭河平原景观

丹霞地貌是这一区域的典型特色。

（三）陕南——钟灵毓秀、山水田园

陕南可分为秦岭山地、汉江与丹江沿线河谷盆地、巴山低山丘陵三大地貌区，境内水系发达，是南水北调中线工程的水源地和汇水区，是汉江、嘉陵江等80余条河流的发源地。此外，陕南地区雨量充沛、气候宜人（图1-9），是我国内陆最大的洁净水源地和生态绿肺，分布有国家级自然保护区18处，拥有大熊猫、金丝猴、朱鹮、羚牛等四大国宝和大量珍贵动植物资源，是国家重要的生物资源宝库和生态屏障。

图1-8 塬、梁、峁和沟壑混合的陕北黄土高原地景

图1-9 陕南人居环境——田园画境

三、生活氛围——多元共融、兼具南北

不同的自然环境造就了陕西地域特色鲜明的风土民情，与多个文化圈交融形成了陕西多元融合、兼具南北的文化格局。

（一）关中地区——热情豪迈

独特的自然环境和历史文化造就了关中地区豪迈朴实的地域生活文化，有秦腔、华阴素鼓等为代表的民间曲艺，有十面锣鼓为代表的民间舞蹈，还有华县皮影为代表的民间手工艺等（图1-10）。

图1-10　国家级非物质文化遗产——老腔

（二）陕北地区——粗犷热烈

黄土高原地区的特殊环境造就了闻名遐迩的窑洞民居，是历经数千年的人居智慧精华。以陕北民歌、陕北剪纸、陕北腰鼓等为代表的陕北民俗艺术形式，从不同角度诠释了粗犷激昂、奔放热烈的陕北气质，已成为印象陕北的重要文化符号（图1-11）。

（三）陕南地区——悠然恬淡

陕南气候宜人，城乡聚落坐落于大地田园之中，多元交融的文化环境使陕南人形成恬淡安逸、知足乐活的生活态度，民俗文化中糅合了巴蜀的悠然安逸、秦人的务实质朴与荆楚的浪漫情怀。

图1-11　国家级非物质文化遗产——安塞腰鼓

四、营建特色——山水形胜、象天法地

深厚的历史文化积淀与多样的自然地理环境孕育了陕西不同地域的特色城乡格局与空间景观风貌，传统人居环境的营建中蕴含着诸多先民的智慧，是城乡公共空间营建的特色基因。

（一）关中地区——恢弘壮阔、大气厚重

关中千余年的建都史不仅在这里形成了星罗棋布的城池和官式建筑，而且留下了诸多营造智慧。

关中大地孕育了诸多传统认知经验，仰观天象、俯察地理，形成了集宇宙秩序、自然秩序、社会秩序、空间秩序于一体的“天人合一”的理念和发展模式，讲求人的精神境界与天道协调的最高理想。形成了家国同构、天圆地方、“居中为尊”、四方围合、轴线对称等营建理念与思想，同时辅以因地制宜的规划策略。城市建设与自然要素之间建立整体的秩序，开创“规划+建筑+风景”三位一体的城市营造典范。周王城的礼制营城思想开启了关中地区以周秦汉唐都城为典范的千年营城脉络，以致历代西安城市中轴线均把秦岭峰谷、城市中心、标志建筑和水域河流等紧密联系在一起，成为汇通天人之际、融合人工与自然的文化标尺（图1-12）。

总体上讲，关中平原舒展大气、千年故都恢弘厚重，秦岭渭水构成了关中大山大水的整体格局，八百里秦川展现了关中壮阔、厚重、广袤、质朴的人居空间风貌。

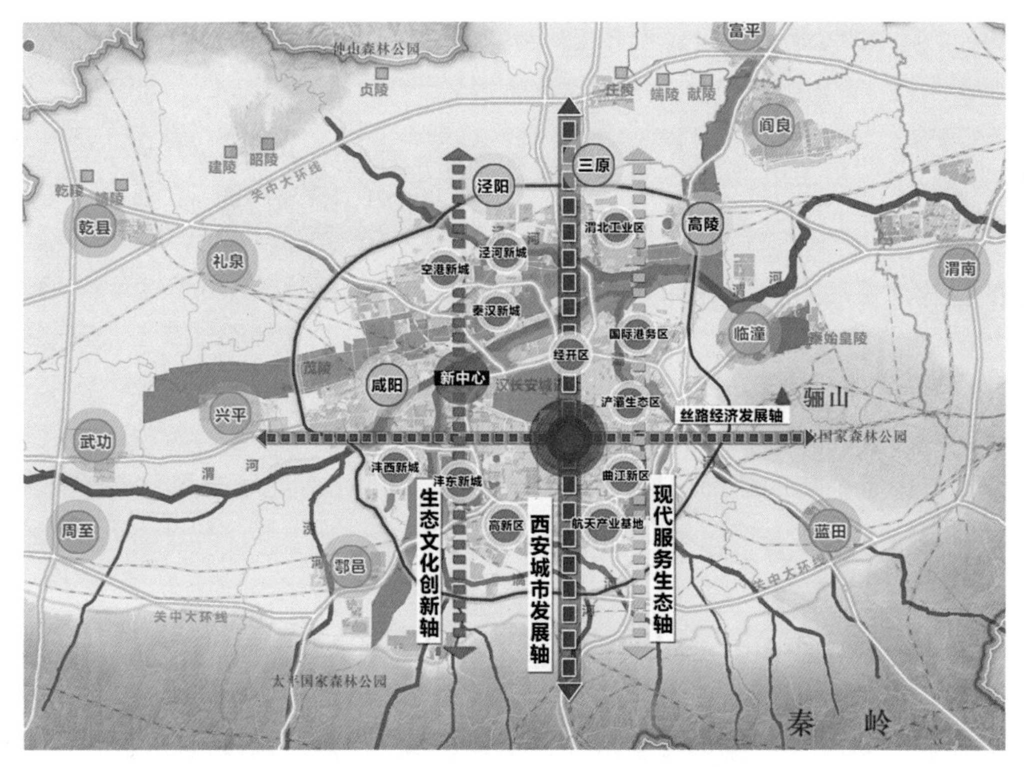

图1-12　人文精神与天道协调的大西安都市区空间结构图

（二）陕北地区——枝状脉络、台塬拱券

在黄土高原特殊的自然环境条件及农牧文明交融的地域文化共同作用下，陕北地区逐渐形成了独树一帜的人居空间形态与风格，开山凿洞、因地制宜的黄土窑居建筑，择地择水、依山向阳的聚落选址，依山就势、随形生变的聚落布局（图1-13），戒备森严、住防兼具的聚落营建方式，文化多元、三教合一的聚落宗祠建筑等均已成为陕北城乡空间的典型特征（图1-14）。

陕北城市主要因军事防御的功能形成并发展，各级城市的选址与营建也大多遵循军事建制，以防御为重。而乡镇聚落除部分原为军事寨堡

图1-13 融入地形地貌环境的陕北黄土高原中的聚落总体空间景象

图1-14　顺应山形、三教合一的榆林神木二郎山宗教公共空间风貌特色

外，大多以居住功能为主，体现了巧借地形地貌并紧密结合水系的营建特征，创造出适应自然条件的地域人居空间环境。

（三）陕南地区——栖水而居、依山就势

陕南地区地貌复杂，多有山坳、河谷和平坝，自然环境的约束、耕作条件及环境容量的影响使得陕南地区城乡空间呈现多种特征，聚落空间多依山傍水、就地取材，结合不同地域移民带来的文化，形成多元荟萃的人居环境特色，兼具南北方建筑风格，有石头房、竹木房、吊脚楼、三合院及四合院等多种建筑形式。

总体来看，由于地形条件限制，陕南城乡聚落整体呈现沿川道河流、山川谷地发展态势，城乡居民点与河流山体紧密关联，栖水而居、依山就势、自由灵动是陕南人居空间与山水自然和谐关系的典型体现，河谷台地、山间平坝是居民点分布最为集中区域（图1–15、图1–16）。

图1–15 陕南山地平坝区聚落空间总体景象

图1-16　依山就势的陕南山地聚落空间总体景象——凤堰梯田

第二章

城市公共空间风貌特色引导

一、城市公共空间特征及风貌特色引导总则

城市公共空间涉及类型较多，尺度大小不一，所反映城市的特色内涵也更多样，既有文体娱乐类公共空间、商业公共空间，也有博览教育、开敞休闲的公园与广场类公共空间，同时还有保障日常生活的医疗、科研、商务、交通类公共空间及文化街区等。作为人类公共活动的集中区域，城市不同的功能需求和社会经济的发展导致公共空间特征和层级各异。同时，不同使用时段、分布地段、使用人群等带给公共空间的特征也是多种多样，呈现出功能的复合化、精细化等趋向。

因而，作为体现城市文化内涵与时代活力的集中区域，在城市公共空间风貌特色塑造中，应着重关注以下几方面：

（1）深入挖掘所在城市的营造思想及文化内涵，延续与传承城市历史文化脉络，突出创新意识，与现代社会发展需求相适应。

（2）针对不同功能的公共空间进行分类分级引导，按照服务功能和人群制定不同策略，呈现与公共空间的功能属性相契合的空间风貌景象。

（3）注重公共空间与城市整体的关联性，包括城市历史与时代氛围、空间结构、空间形态、人群分布、交通联系、视线通廊、界面秩序等。

（4）凸显公共空间的人文关怀与精细化品质，控制公共空间尺度，满足不同人群的使用与便捷需求，强化对地域生活习惯及生活氛围的关注与响应。

（5）强化公共空间的生态环境建设，与地域生态本底条件及地形地貌环境相契合，并体现生态修复与海绵城市的设计思想。

通过以上不同方面的风貌特色共性基本引导，体现对公共空间形象

塑造、内涵彰显、品质建设等方面的要求。

结合目前陕西省各地市已建成及已形成规划成果的公共空间，按照关中、陕北、陕南三大区域，分别从传统型、融合型及现代型三大类进行风貌特色塑造引导（表2-1、图2-1）

陕西省城市公共空间风貌特色引导分类案例一览表　　表 2-1

	传统型	融合型	现代型
关中	西安大唐芙蓉园 西安曲江遗址公园 西安大唐不夜城 西安南门广场 西安永兴坊 咸阳凤凰台区域	陕西历史博物馆 西安市钟鼓楼广场 西安建筑科技大学草堂校区 西安市秦二世遗址公园	西安市曲江芙蓉新天地 西安市大唐西市博物馆 杨凌国际会展中心 宝鸡市青铜器博物馆 渭南文化艺术中心
陕北	延安 · 1938 文化街 榆林古城	延安革命纪念馆 中国延安干部学院 榆溪河公园	延安市民中心与延安大剧院 榆林沙河公园
陕南	汉中市西汉三遗址 汉中市东关正街	汉中市高铁站周边区域 安康博物馆及古渡公园	汉中川陕革命根据地纪念馆 安康学院 商洛文化艺术中心

二、关中城市公共空间风貌特色引导

（一）引导要点

关中城市大多存在历史文化遗产，在各城市文化与形象总体定位指引和上述总则引导下，重点突出以下要点：

（1）注重传统营造智慧的传承。关中地区集中沉积了中国传统建筑的思想特征、营建方法特征、物象特征等，构成了规划建设丰富的文化源泉，往往在一个局部要素上有所创新，就能够取得突出的风貌特征。因此，这是应该不断努力的方向。

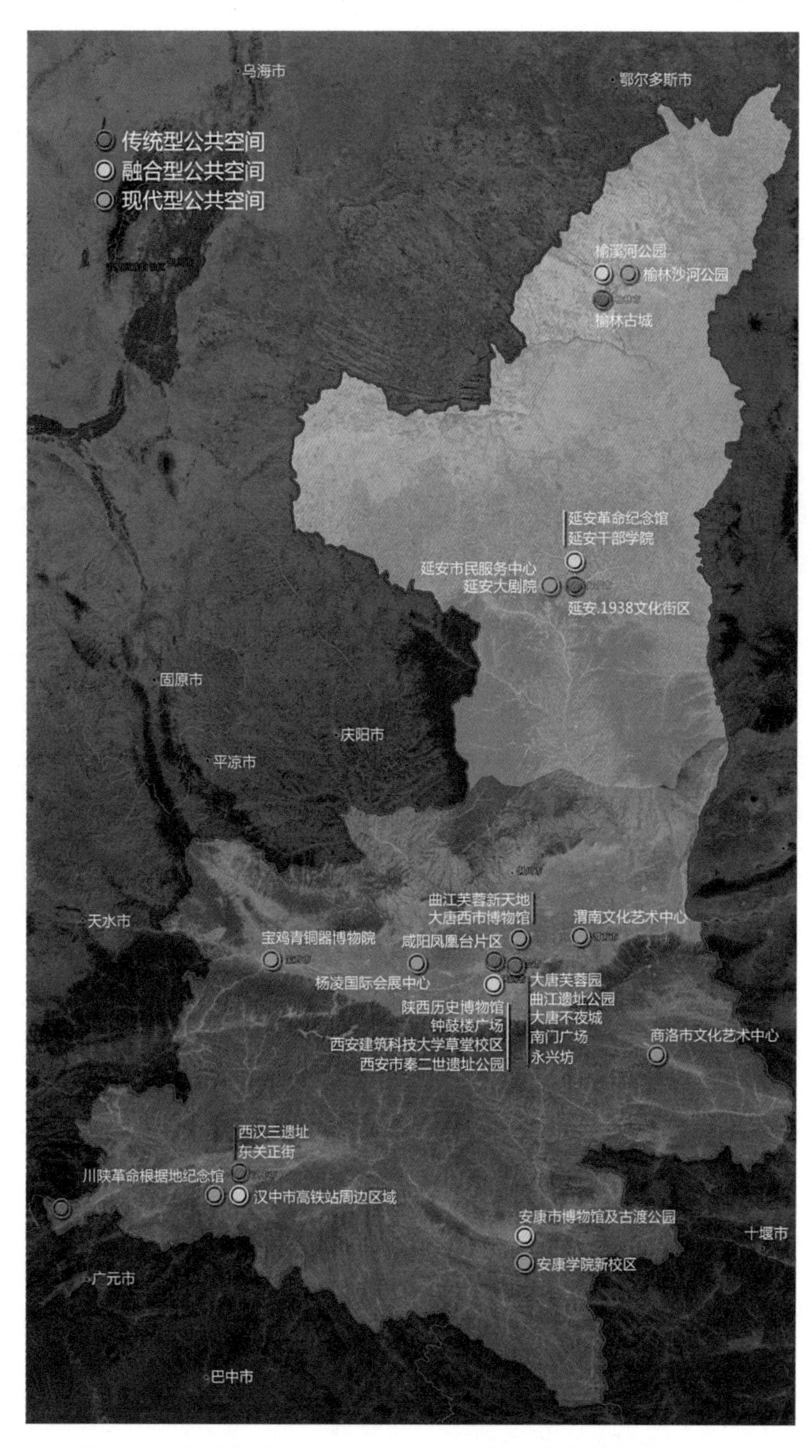

图2-1 陕西省城市公共空间风貌特色引导分类案例分布图

（2）注重与现代社会生活需求的融合。结合现代环境设计理念，满足人们多样的公共空间使用需求，才能够使得传统智慧体现出真正的价值，获得新的生命力。

（3）注重与自然生态环境的和谐共生。以崇尚自然、合理利用自然的态度，重视和尊重基地和周围自然生态环境的内在机理和自然规律，构建城市公共空间风貌塑造的关键内涵。

（二）分类案例

1. 传统型城市公共空间风貌特色引导

关中地区历史文化底蕴深厚，留存的历史遗迹众多，传统型风貌是历史遗迹周边环境公共空间营造的适宜类型之一，实践中也呈现了多姿多彩的景象。

（1）西安市大唐芙蓉园

大唐芙蓉园位于西安曲江，是在唐芙蓉园遗址上保护修建的展示盛唐风貌的文化主题山水园林，同时也为旅游和城市休闲活动提供富有传统风貌特色的公共空间。大唐芙蓉园通过空间形态、建筑风貌和环境景观的整体设计将辉煌的唐文化汇聚于一园之中，营造出“走进历史、感受人文、体验生活”的新时代城市风貌景象（图2-2）。

1）将芙蓉园与周边曲江池、大雁塔视作整体形成视线通廊，营造与历史遗迹协调统一的建筑风貌与景观氛围。

2）进行文化主题化分区。大唐芙蓉园占地约1000亩，考虑空间尺度的宜人性，设计中对园区景观进行主题化分区，形成帝王文化区、诗歌文化区等十四个景观区。

图2-2　历史人文与时代生活相融合的芙蓉园滨水景象

3）将唐文化、水景观与绿色环境通过水面有机交融，塑造一体化景观风貌，通过各分区的主题建筑统领形成起伏变化的滨水界面景观。

4）将建筑与环境景观整体设计，通过标志性建筑和小品雕塑、亭台楼阁等进行风貌塑造，形成紫云楼、仕女馆等特色景观（图2-3、图2-4）。

图2-3　彰显唐文化内涵的特色景观风貌

图2-4　映现文化特色的雕塑与小品景观

（2）西安市大唐不夜城

大唐不夜城是大雁塔文化景区重要的构成部分，设计以盛唐文化为背景与主线，是融合体验消费、休闲娱乐功能于一体的城市综合性公共空间，在风貌特色塑造上充分体现文化保护与传承思想。

1）延承大雁塔望秦岭的视线通廊，通过高度严格控制的步行街道环境保障视线的开敞度（图2-5）。

2）结合地形变化塑造顺应地形起伏的景观环境，同时形成街区景观的序列设计。

图2-5 贯通的望山视线通廊

图2-6　起伏的屋顶与验证有序的街巷空间形成刚柔并济的空间景象

3）自由与严整的肌理相结合。空间布局体现传统礼制思想的空间营建秩序，屋顶形式与界面序列上形成进退起伏的灵活关系，并与功能相契合形成活泼的空间氛围（图2-6）。

4）注重街巷空间的步行化尺度。通过不同尺度的景观设施设计，营造出宜人的特色微空间（图2-7）。

5）通过建筑风貌、雕塑、小品、铺装等方式多方面展示唐文化（图2-8）。

图2-7　体现唐文化内涵的建筑风貌与景观环境融合一体

图2-8　体现唐文化内涵的建筑风貌与景观环境融合一体

（3）西安市南门广场

西安南门（永宁门）广场位于西安“龙脉”中轴线中段，是西安重要城市节点。近年来，针对南门区域交通、风貌等问题，开展了广场区域综合提升工程，以期达到进一步展示西安深厚的文化内涵，构建古都城市客厅的目标。

1）将交通换乘问题在南门外解决，整合现有旅游资源，在城墙内形成北至北院门、新城广场，东至碑林、柏树林，西至朱雀门、粉巷、德福巷的步行游憩线路，形成完整的历史文化展示空间（图2-9）。

图2-9　南门作为枢纽的明城墙内文化游憩空间与线路

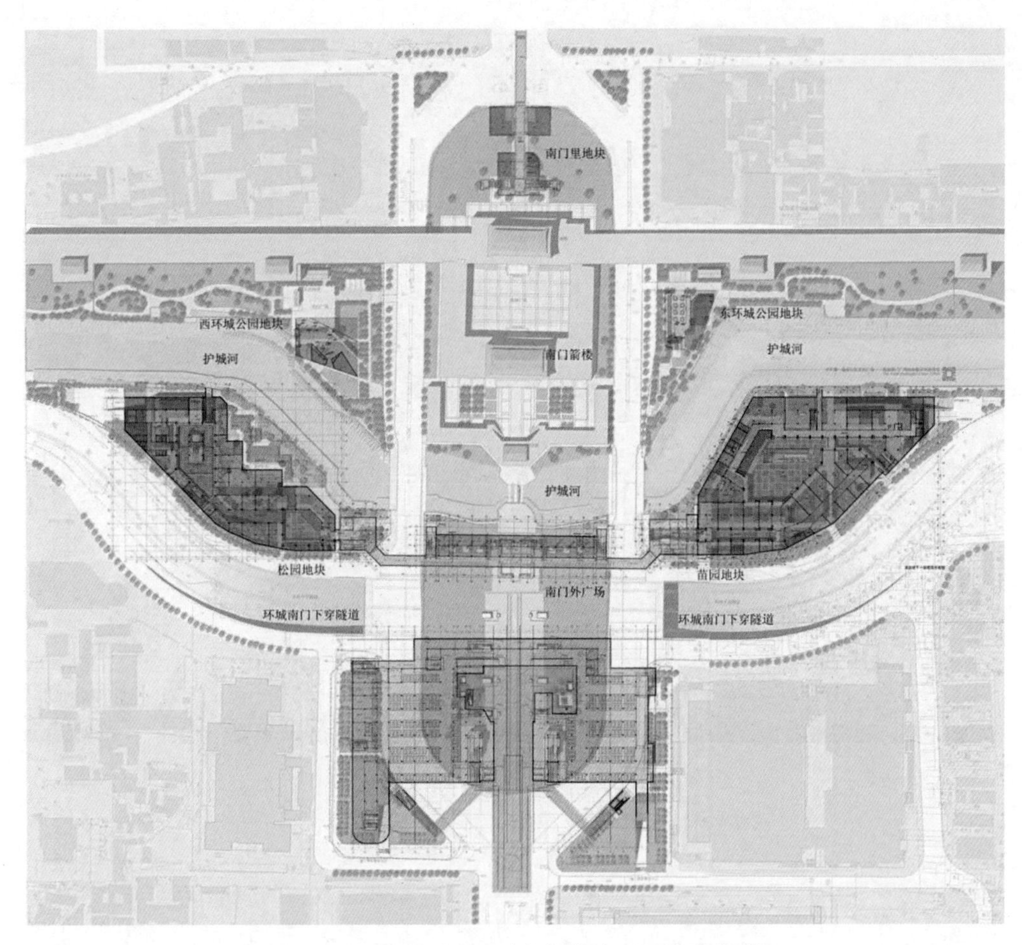

图2-10　南门广场区域功能关系及交通流线

2）完善南门景区交通体系。梳理车行、步行、轨道交通间的相互关系，合理组织地面、地下交通流线（图2-10）。利用地下空间解决停车位不足问题，修建一条东西向横穿广场的地下人行通道，实现立体互通（图2-11～图2-13）

3）通过广场、御道、吊桥、绿化等烘托南门标志性形象。松园地块保留原有仿古建筑，地面新建建筑以退台的形式与保留建筑取得呼应。地面景观亦与保留的古建筑空间格局相协调，恢复和改造原有水池，并辅以夜景亮化。地下建筑以下沉庭院设计手法，构成丰富的空间体系（图2-14）。

图2-11　南门广场与周边区域空间关系整体景象——纯粹、古朴、大气舒展

图2-12　古朴舒展的广场空间域周边城市紧凑的空间形成对比统一

图2-13　正对南门的步行轴线景观

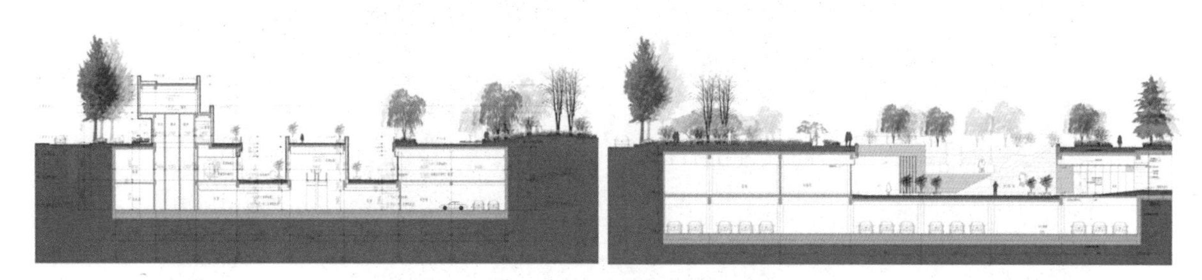

图2-14　广场东西侧立体空间组织

图2-15 公园内部景观绿化环境及园内看城门箭楼关系

4）苗园地块以下沉式中心广场串联整个场地，地面建筑以退台的建筑形式位居场地东北角，形成一个面向城门的空间限定。景观设计利用地形高差变化，结合水景小品，实现层次分明的绿化体系，塑造出符合人行尺度的、步移景异的精致景观（图2-15）。

5）在景观设施设计中通过休憩设施的布设彰显精细化设计与人性化关怀。

（4）西安市永兴坊

西安永兴坊位于古城中山门里，唐朝时为魏征府邸，2007年在唐永兴坊原址上建造的“坊”式文化旅游区，在公共空间风貌塑造中呈现以下特色：

1）以传统“坊、肆”布局形式将建筑群、牌楼、绿化广场、内街、井房等进行组合，展示古长安城街坊形态、历史生活气息及传统民俗生活，不仅将里坊文化通过实景予以呈现，更将陕西非物质文化中的民俗

图2-16　永兴坊“坊肆”整体空间景象

美食文化赋予空间之中（图2-16）。

2） 永兴坊街巷空间尺度宜人， 建筑高度与街巷宽度比多介于1：1～2：1之间，空间围合感较好，适宜步行。沿街界面进退有序，通过房屋的进退布局设置室外休憩空间与交通节点空间（图2-17）。

3）永兴坊内建筑均为传统坡屋顶，青灰色砖墙、朱红或土黄的门框窗棂、墙面装饰砖雕，通过建筑形式、景观氛围、色彩环境等呈现民俗文化气息（图2-18）。

4）在景观小品设计中，采用文化与功能结合的石凳，生活生产工具、拴马桩、交通工具等带有传统气息的物件、元素，彰显生活文化特色，营造生活文化氛围（图2-19）。

（5）西安市曲江池遗址公园

曲江池遗址公园占地约1500亩，依托历史上曲江池遗址及周边文化资源，保护性重塑曲江南湖、曲江流饮、汉武泉、宜春苑、凤凰池等历

图2-17　融入传统文化要素、尺度宜人的街巷空间

图2-18　明清传统建筑风貌景观

图2-19 体现民俗文化特色的墙雕、装饰、色彩环境

史文化景观，再现曲江地区“青林重复，绿水弥漫”的山水人文格局，是集历史文化保护、生态园林、山水景观、休闲旅游、民俗传承、艺术展示为一体的开放式城市生态文化公园。在风貌塑造上呈现以下特色：

1）曲江池遗址公园与周边大雁塔、大唐芙蓉园、曲江寒窑遗址公园、秦二世陵遗址公园、唐城墙遗址公园等共同形成了城市历史与生态景观带，体现了公共空间整体塑造思想（图2-20）。

2）以曲江池水面为中心，对大尺度空间进行主题划分，分为汉武泉、艺术人家、曲江亭、阅江楼、烟波岛等八大片区，注重人的亲水性空间设计（图2-21）。

图2-20　融山入水的曲江池遗址公园整体空间特色景象

图2-21　滨水主题文化区空间景观

图2-22 唐风主题建筑风貌特色

3）园内建构筑物风格以新唐风为主，渲染与再现盛唐景象（图2-22）。

4）深入挖掘唐文化内涵，设置生活场景雕塑，营造浓郁的大唐文化氛围，雕塑材质多为黄铜或石材，以写实手法进行设计（图2-23）。

（6）咸阳市凤凰台片区

凤凰台位于咸阳市明清古城内核心地段，是咸阳明清城内登高远眺的标志性景点，周边历史遗存丰富，商贸景观氛围浓郁，为保护历史地段整体环境，重塑老城活力，2015年对凤凰台周边区域进行整治提升，在公共空间风貌塑造中呈现以下特色：

1）重塑历史格局，再现明清古韵

通过"洪武城墙遗址公园"的形式，标示古城空间界限和古城墙遗址；通过局部复建与环境设计，提示古城墙、太白庙、北极宫、财神庙等遗址要素；通过重建藏经阁、明伦堂、渭阳书院、崇圣祠等，重塑文庙历史恢宏格局，打造文庙景区；通过设置梧桐引凤广场、恢复凤凰台戏楼，

图2-23　映现唐文化的景观构筑物与雕塑小品

打造凤凰台景区；通过重建县署和县丞署，展示古代衙门文化，打造县署景区（图2-24）。

2）植入绿地广场，保护展现古迹

通过绿网、广场等的有效串接，将“凤凰台、安国寺、文庙”等文保单位相互连通、渗透，形成一体化的空间大格局，增强其空间影响力和统领性的同时，提升凤凰台、文庙和安国寺的核心地位；通过绿地、广场等开敞空间的植入，在文保单位与城市建设区之间形成一条过渡地带，有效保护文物古迹。

3）保留历史街巷，完善路网体系

古城街巷是其空间格局和历史记忆的重要组成部分，与居民生活方式、民居布局等密切相关，是古城个性与风貌的重要体现。设计在现有

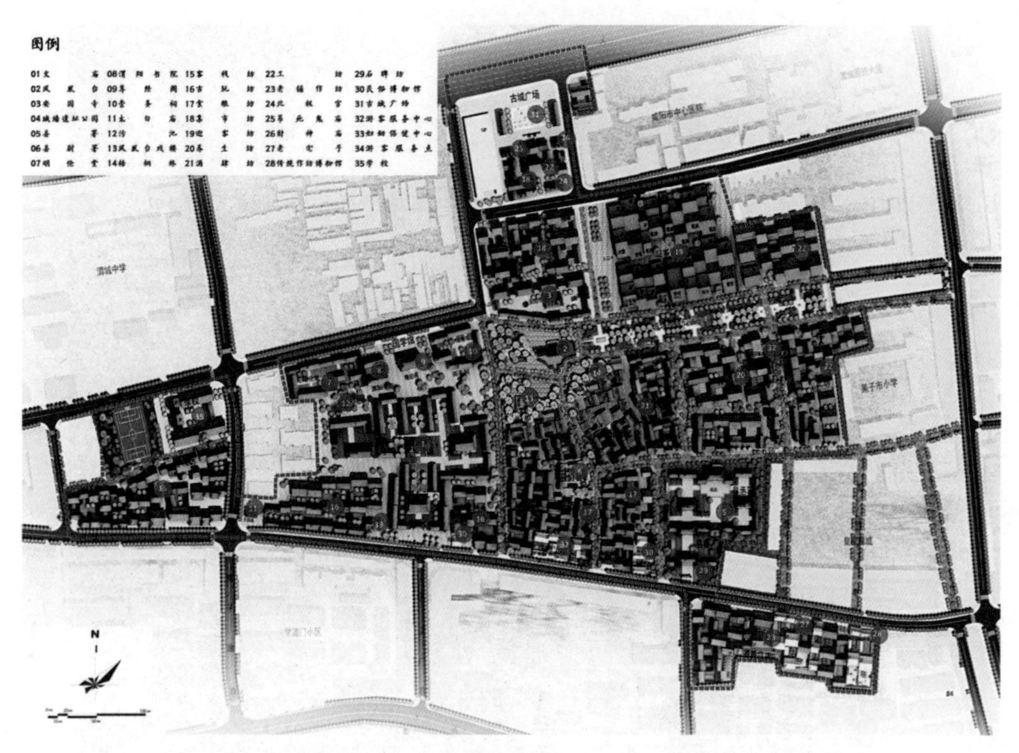

图2-24　凤凰台片区总体空间格局

街巷基础上，保护传统街巷格局及其历史遗存（包括“仪凤东街、仪凤西街、仪凤北街、仪凤南街、谷家巷、鱼池巷、东大街”等），疏通一般街巷，提高路网密度，将人的活动从重点展示街巷，向历史街巷和一般街巷“疏导”，构建网状街巷体系，提高历史建筑和空间的可达性。

4）延续古城肌理，重构坊院格局

凤凰台周边片区现状肌理具有古城“均匀、封闭、内聚、曲折、小尺度”的传统空间特征，是明清古城的空间特色所在。规划在尊重现状肌理基础上，按照街巷格局划分街区坊院，结合遗址复原、街巷串接、开敞空间穿插及建筑灵活布局，形成大小里坊相间、开合院落相连、“里、坊、院”多样的空间层次（图2-25、图2-26）。

图2-25　凤凰台片区总体风貌景观

南立面图（从中山街往北看）

北立面图（从人民路往南看）

图2-26　错落有致的景观界面

图2-27 街巷空间活力景象

5）挖掘市井文化，完善旅游服务

明清古城是咸阳市历史文化名城的核心承载地，而凤凰台周边片区是古城记忆再现和记忆感受的最佳场地。结合情景式体验游的特点，在服务公众的前提下，以市场为导向，以展示古城市井文化为出发点，打造以“古城遗址文化体验、古城传统民俗体验、古城现代休闲体验”等为主要内容的古城旅游服务综合体（图2-27）。

2. 融合型城市公共空间风貌特色引导

融合型公共空间主要通过传统符号的选取，在现代设计中进行融合运用。传统符号内涵丰富，可以是突出的形式特征（如屋面），也可以是相对隐性的空间方式或形式要素（如廊院空间组合及门窗装饰形式等）；符号的使用可以是必要的简化，也可以是更多的形式变异与转换。

（1）陕西历史博物馆

陕西历史博物馆占地65000平方米，是中国第一座大型现代化国家级博物馆，首批中国“AAAA”级旅游景点，被誉为“古都明珠，华夏宝库”。陕西历史博物馆建筑群组的屋面设计更多采用了唐代传统建筑屋面的简化与现代适应形势，而平面的布局、功能的组织、外部墙面的构成以及结构材料的使用等更多依据现代需求与设计理念，因而，可以归类为融合型的公共空间设计。当然，在现代需求与传统风貌的融合设计方面，陕西历史博物馆可以说是匠心独运、精致细微。

在公共空间氛围营造上着意突出盛唐风采，反映出唐代博大辉煌的时代气质（图2-28）。布局设计集中紧凑，借鉴中国宫殿建筑“轴线对称、主从有序；中央殿堂、四隅崇楼”的特点，在有限空间内营造出宏大的气象。殿堂与园林相辅成，庄重与舒缓相辉映。建筑群聚中有散，表现了中国传统建筑“太极中央，四面八方”的空间意象和“超以像外，得于寰中”的东方宇宙哲理（图2-29、图2-30）。

色彩上采用黑、白、灰的协调组合，营造出庄严、质朴、宏大、典雅的总体氛围（图2-31）。

（2）西安钟鼓楼广场

西安钟鼓楼广场位于明清西安城南北与东西轴线交汇处，广场东侧屹立着已有600多年历史的钟楼，西侧屹立着目前所存全国最大的鼓楼。钟鼓楼广场建于20世纪90年代末期，是一项古迹保护与旧城更新的综合性工程。

1）总体设计沿袭“晨钟暮鼓”这一主题向古今双向延伸，把中国传统空间组织方式与现代空间设计理论相结合，为古城提供了富有标志形象的“城市客厅”（图2-32）。

图2-28 体现盛唐气象于园林艺术的陕西历史博物馆总体空间景象

图2-29 轴线对称、主从有序，中央殿堂、四隅崇楼的空间布局

图2-30 内部园林景观特色

图2-31 淡雅的建筑风貌与外部园林景观相得益彰

图2-32 晨钟暮鼓主题的古今双向延伸景象（一）

图2-32　晨钟暮鼓主题的古今双向延伸景象（二）

图2-33 兼具商业价值的立体化街区设计

2）打造以城市功能为基础的立体化空间，通过对公共商业空间的下沉设计，营造出凸显古迹胜境的城市广场景观（图2-33）。

3）通过植入多元化的功能，满足不同人群的活动需求。合理组织交通流线，形成钟鼓楼地区综合感知流线系统（图2-34）。

（3）西安建筑科技大学草堂校区

西安建筑科技大学草堂校区位于秦岭北麓生态旅游观光带及关中环线公路北侧，校区三面环山，间有太平峪等水系，山水相望。自古以来秦岭北麓地区就是文人雅士隐居之所。

1）草堂校区整体布局取自中国传统“书院制”主题，通过书院制推进教育改革、强化素质教育，总体空间秩序也围绕这一思想展开（图2-35、图2-36）。吸纳集中式校园的布局优势，结合书院思路，形成相对集中的院落式教学区，三个以学生宿舍区为主的书院围绕中心教学城布局。

图2-34　复合分层的交通流线组织

图2-35　融入山水的校园整体空间景象

图2-36　悠然见南山——校园内部空间与秦岭山体融为一体

2）校园整体布局形式借鉴九宫格局，形成基本轴线关系，但三个书院与教学方城布局灵活，并通过自然舒展的林地空间穿插分割，形成大开大合、虚实相生的空间结构，同时注重校园空间与秦岭山水的融合关系（图2-37、图2-38）。

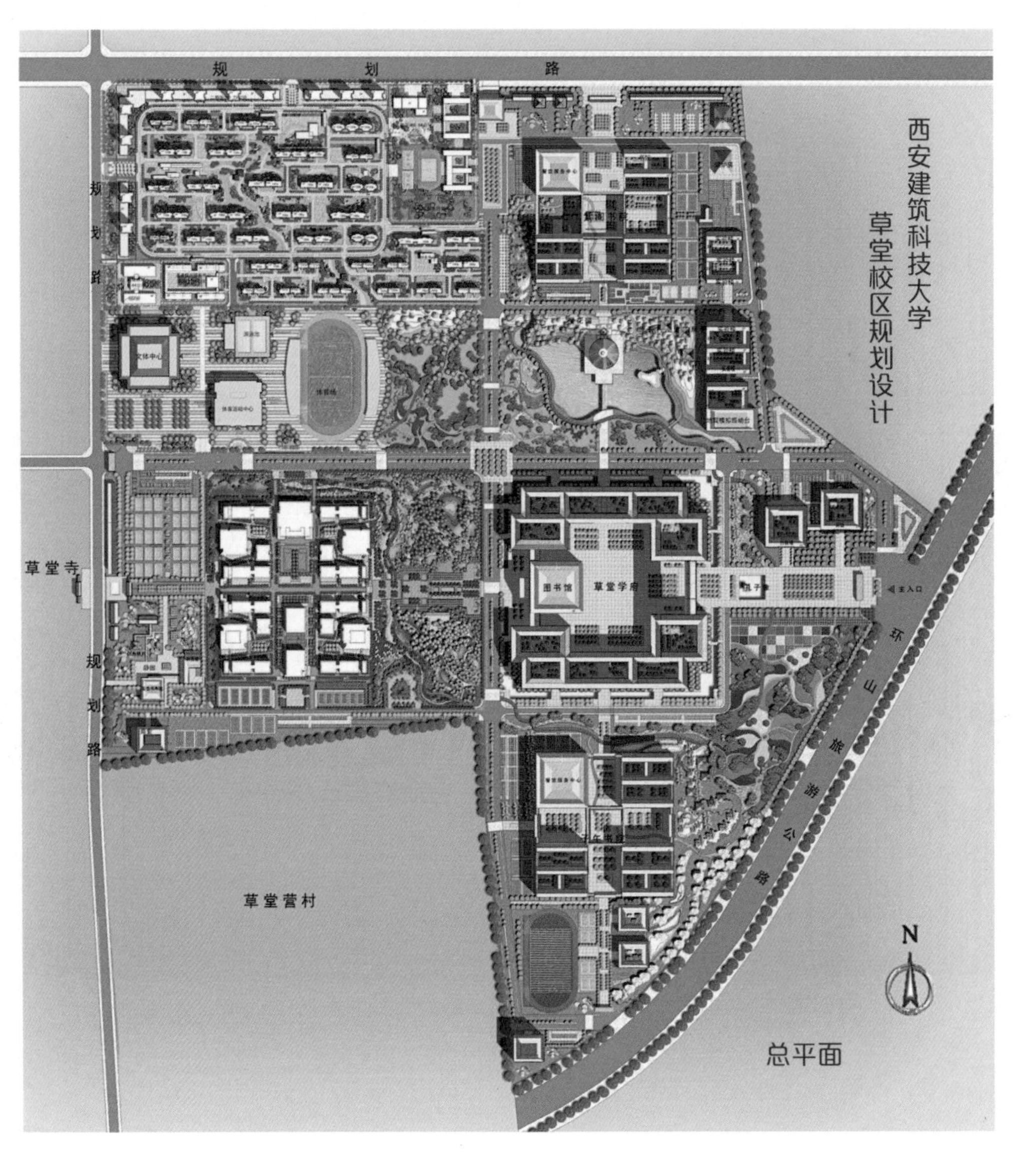

图2-37　大开大合、虚实相生的空间布局

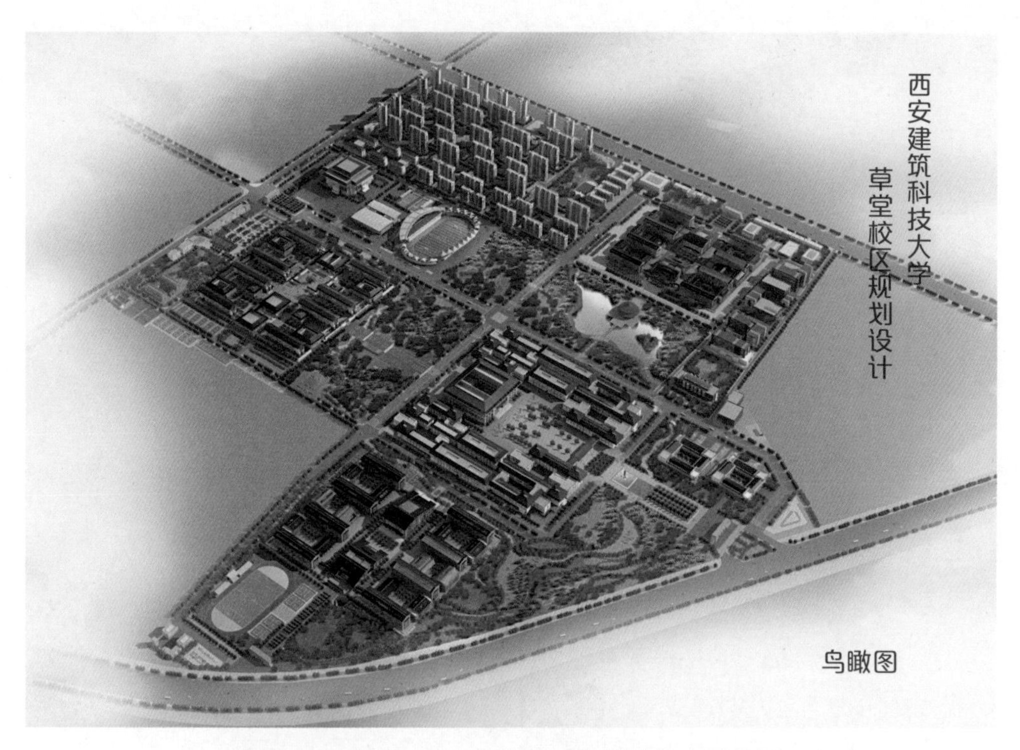

图2-38 “城—坊—院落—间”的整体空间格局

3）设计强调中国院落空间平面展开的布局方式，强调刚柔相济、计白当黑的艺术手法，加大疏密、虚实、曲直、静动对比，构成严整与疏旷、方正与飘逸、畅达与从容的空间气质（图2-39）。

4）建筑风格主张在现代设计中融入传统元素，建筑院落空间大小穿插，建筑高度错落有致，与秦岭起伏的山脉天际线遥相呼应。整体色彩以灰色为主，辅以必要暖色，与秦岭山石产生联想（图2-40、图2-41）。

（4）西安市秦二世遗址公园

秦二世陵遗址公园位于西安曲江遗址公园南，是以遗址保护为原则、以展示秦文化为主题、以秦风园林为基调，集遗址保护、文化展陈、园林建设为一体的秦文化遗址主题公园，在公共空间风貌塑造中呈现以下特色：

图2-39 虚实错落、与山对话的校园内部空间

图2-40　园院交融的书院内部空间景观

图2-41　传统与现代风格交融的建筑风貌

1）园区整体风格突出秦文化特色，以直线、几何、阵列等简洁手法展示秦文化的壮美、力量和宏大。通过公园内部空间的开合变化，形成了疏密有致的空间形态，并与大雁塔、芙蓉园及曲江池形成整体空间序列（图2–42）。

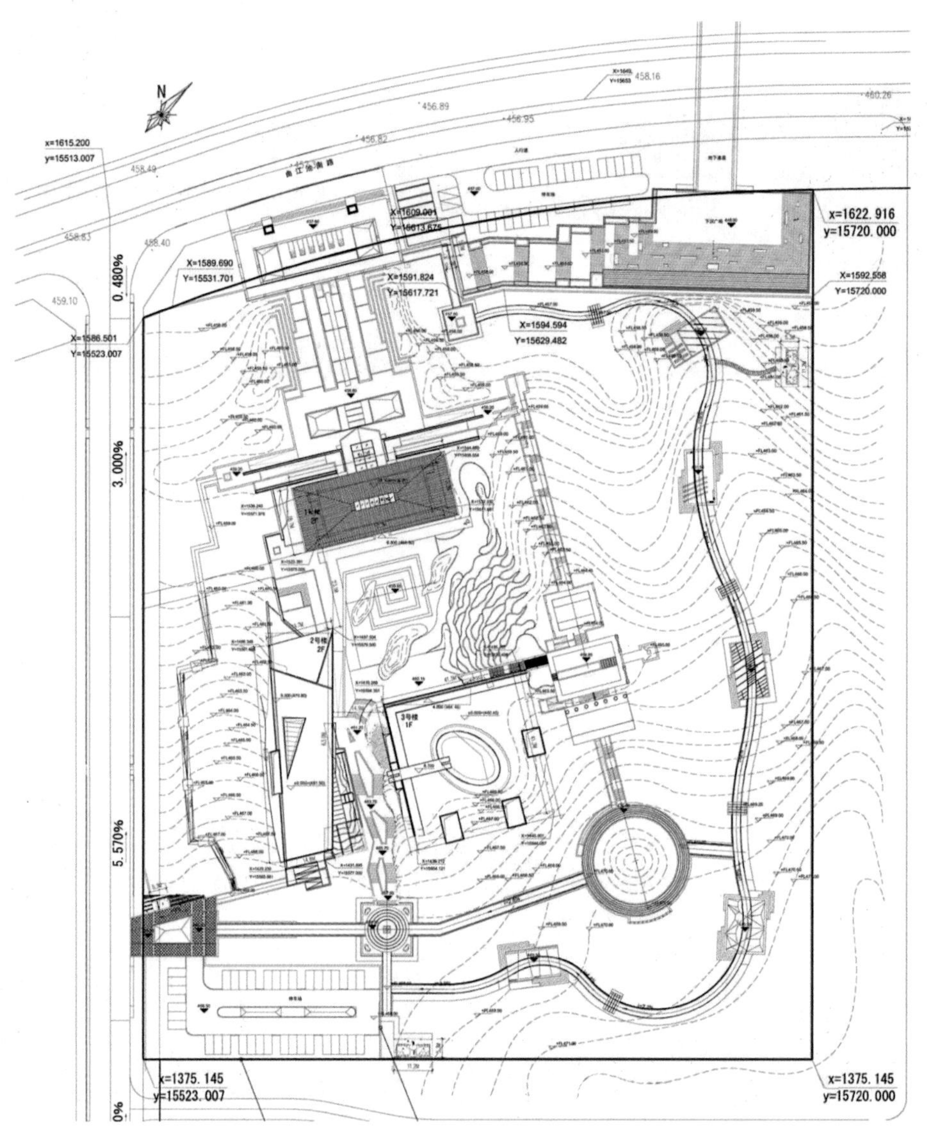

图2–42 开和有序、疏密有致的空间平面

2）通过错落有致的空间序列与秦岭高低起伏的天际轮廓形成呼应，通过视线通廊引山入城，使遗址公园与自然山水达到和谐共生（图2-43、图2-44）。

图2-43 与远处的秦岭形成对景关系

图2-44　顺应地形环境的空间整体景象

3）利用地形起伏变化，因形就势，塑造立体空间景观环境（图2-45）。建筑以灰色为主调，实体建筑与水中倒影互为虚实，与整体建筑形态一同构成肃穆的氛围（图2-46、图2-47）。

3. 现代型城市公共空间风貌特色引导

（1）西安市大唐西市博物馆

大唐西市博物馆位于西安市大唐西市遗址，是以反映丝绸之路文化为主题的遗址类博物馆，是隋唐丝绸之路文化的重要标志。在空间风貌塑造中呈现以下特色：

1）在保护隋唐西市道路、石桥、沟渠和建筑等遗址的基础上，通过合理布局，保护和展示了隋唐西市十字街遗址以及十字街原有道路格局、

图2-45 顺应地形变化的立体化空间景观

图2-46　现代与传统融合、建筑与环境共生、文化与场景互动的环境景观

尺度、规模及氛围。通过采用尺寸为12m × 12m的展览单元，将隋唐长安城里坊布局、棋盘路网的特点，贯彻于博物馆公共空间设计的始终（图2-48、图2-49）。

图2-47　主体建筑入口空间与环境的相辅相成景象

2）对建筑的体量、尺度、材料、肌理和色彩等方面进行了一系列新探索，还原大唐西市历史街道的真实尺度与空间感受。配合外墙材料，从肌理、质感和气度等方面表现隋唐长安城建筑文化的深层结构（图2-50、图2-51）。

图2-48　融入大唐西市整体环境之中

图2-49　展览单元的有机组合

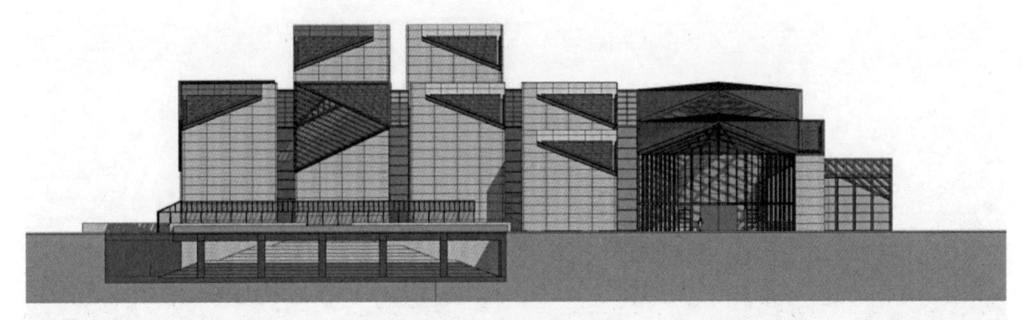

图2-50 高低错落、丰富有序的空间层次和效果

图2-51 肌理与质感

3）运用新的地域建筑语言解读大唐西市的历史，衬托和展示文物与遗址环境，为人们认识和了解文物提供多种视角。

（2）西安市曲江芙蓉新天地

西安芙蓉新天地项目东临曲江池和唐城墙遗址公园区，南临广电中心，北临大唐芙蓉园遗址公园，位于曲江文化旅游区核心，是集购物、休闲、娱乐、餐饮、住宿、会议等功能为一体的城市综合体。

1）融入区域环境氛围，以公园式的城市空间形态呈现，鼓励人们以更开放的方式参与到城市环境中去。规划设计从酒店大堂起始，穿越景

图2-52　融入区域环境氛围的整体空间景象

观湖并直达商业区，形成横贯地块的中轴线，与曲江池公园、大唐芙蓉园的出入动线共同组成更大一级的城市公共中心，强调生态与休憩游览的公共空间连续性肌理关系，激发公共空间的活力（图2-52）。

2）通过强有力、识别度高的中轴线增强商业空间的参与性和活力可持续性，强化市民的空间印象（图2-53、图2-54）。

3）空间尺度上与周边现有广电中心、芙蓉园取得协调，既有统领地段的大尺度建筑，也有团块组合的院落式建筑群（图2-55）。

4）建筑为现代风格，以标准化、程序化的方式推进建设，与地域气候条件及供给条件相结合，既与周边环境在色彩上相呼应，也凸显时代活力与气息（图2-56）。

图2-53　轴线统领空间秩序、建构地标空间

图2-54　内部园林化景观

图2-55　与周边建筑群形成对比与统一协调

（3）宝鸡市青铜器博物院

青铜器博物院建于石鼓山风景区内，是宝鸡重要标志性建筑，西靠石鼓山，东接茵湘河，背山面水，地势西高东低，总用地面积约50800平方米，为第三批国家一级博物馆，全国最大的青铜器博物院，也是全国惟一的以青铜器命名的专题博物馆。

图2-56　通过对传统文化的演绎方式塑造现代建筑景观风貌

1）博物馆整体设计融入石鼓与青铜的形态符号，构成风格独特、气势雄伟的“平台五鼎”造型，浓缩了西周列鼎制度的深刻文化内涵（图2-57）。

图2-57　体现西周文化内涵的“平台五鼎”整体造型

2）空间形态融入自然地形环境，顺山应势，起伏错落（图2-58）。

总体布局遵循周文化营城思想中的轴线对称方式，平面集中而又分散变化，以现代展览空间需求为主（图2-59）。

3）感知式流线组织。台阶一侧设计为浮雕墙，入口前为“经纬纵横”的下沉广场，使游人未进博物馆即已体会到青铜器文化的氛围。经过广场石像生的指引，穿过博物院前水池，到达博物院的台阶，两边门阙引导游客走进建筑主入口（图2-60）。参观完展厅后，游人可直达“礼、义、仁、智、信”为主题的屋顶广场，经历了青铜器的探寻之旅，在高台之上俯瞰渭河蜿蜒的宝鸡城市风光（图2-61、图2-62）。

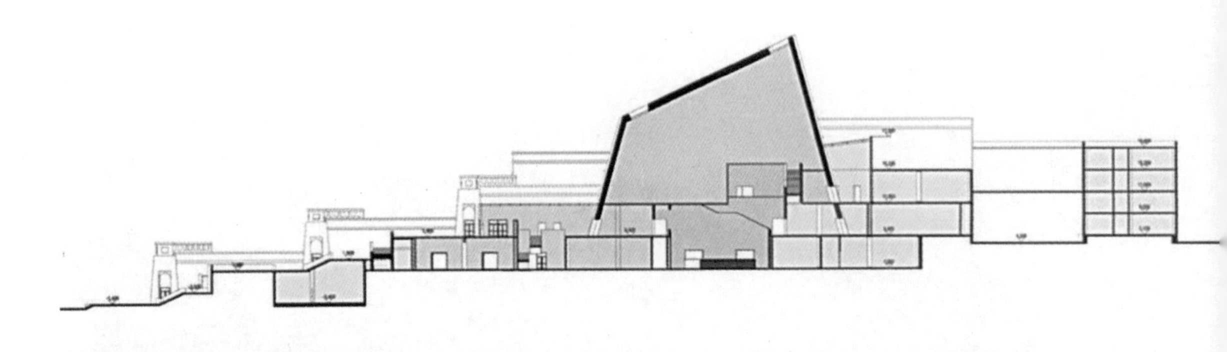

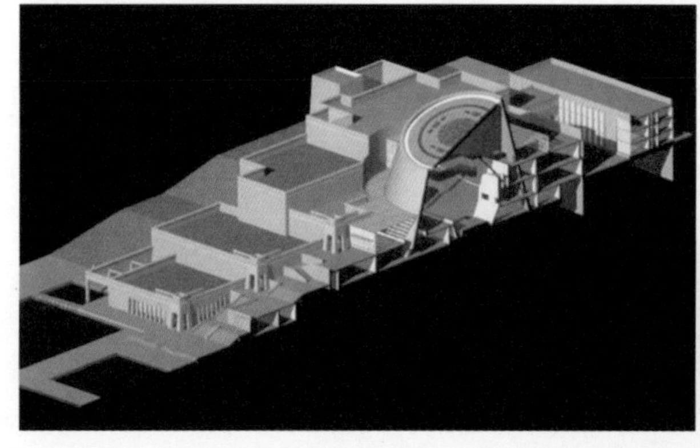

图2-58　融入山形地势的空间总体景观

图2-59　轴线对称的空间景观序列

图2-60　经纬交错的入口公共空间景观

图2-61　屋顶主题活动空间

图2-62　历史人文与自然山水景观交融的整体风光

4）博物院主体建筑分为五层，建筑形象运用了高台门阙、青铜厚土的建筑语言，通过石鼓文化与青铜文化的融合，寓意着宝鸡悠久的历史文化在中国古代文明中的尊崇地位。

（4）渭南文化艺术中心

渭南文化艺术中心是一座集综艺演出、大型会议、群众文化活动、艺术培训、现代影城、陈列展览、文化商街为一体的综合艺术中心。

1）以三幢建筑构成聚落，以非对称布局方式活跃建筑的群体感。三幢建筑各成方向，相互对话，共同营造文化的场所感。秦腔高亢激昂、激烈碰撞，借此文化特性，建筑以长方盒子为基础进行变形，形体之间相互碰撞，相互耦合（图2-63）。

2）建筑的外墙材料分别采用关中传统的青砖、石材，以及玻璃幕墙，强调不同时代材料的质感对比，以砖的光影变化为建筑增添生气。型钢

图2-63　功能相对独立、空间相互联系的文化中心整体景象

图2-64　传统与现代交融的风貌

的斜线手法与文化行政中心的大绿地肌理有所呼应，由墙面延伸下来和地面融合。南立面窗檐部分进行多重的叠加处理，延续关中传统建筑风貌。通过不规则的地景和水池设计，以及丰富的建筑形体关系和表皮肌理，活化并激发出独特的场所氛围（图2-64、图2-65）。

图2-65 纯粹的场地环境体现简洁大气的地域文化内涵

3）考虑周边社区群众活动，小剧场北侧设置室外舞台，群众演出可以共用专业的后台。设置中心景观水景，吸引亲子活动，退坡景观下设置供户外活动休憩空间。

（5）杨凌国际会展中心

杨凌示范区国际会议展览中心位于西部绿色硅谷——杨凌农业高新技术产业示范区。

1）设计中将不同功能进行一体化融合，以独特的个性与现代精神表达了特定环境下公共空间特点，总体上采用直面自然的集中式布局形式，由低到高顺次布置展览中心、会议中心与宾馆，各自相对独立又有机联系，关系明确、流线分明（图2-66）。

2）通过建筑大斜坡绿地与室外大台阶广场逐次升高，体现人工环境与自然环境的交融理念，中部跌落的瀑布从台阶屋面喷涌而下，与广场喷泉浑然一色，使静止的空间更富有生机（图2-67）。

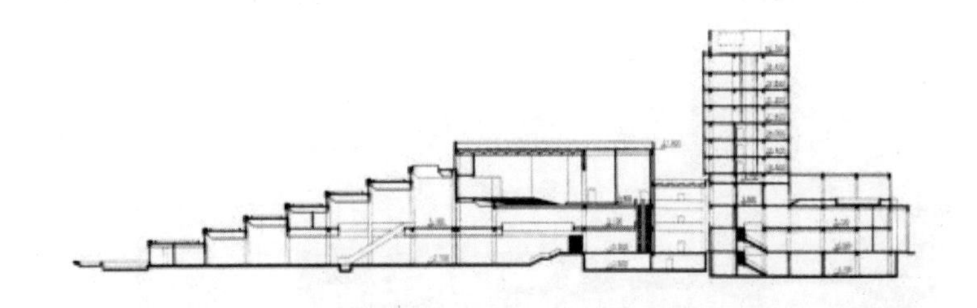

图2-66 直面自然的公共空间整体环境

图2-67　自然跌落的建筑与环境相融合

图2-68 “生于土地、出于阳光”的立体化场地环境

场地环境体现田园色彩，反映出“生于土地、出于阳光”的有机建筑和绿色思想，营造出“高山流水、天地人间”的人工与自然和谐共处意境（图2-68）。

三、陕北城市公共空间风貌特色引导

（一）引导要点

陕北地区生态较脆弱，处于农牧交融区，以黄土高原和边塞沙地为主要地貌特征。同时，陕北地区又是红色文化、边塞文化、两黄文化的融合之地，是国家能源高地和新能源科技示范基地。

陕北地区城市公共空间特色营造，应体现陕北雄浑壮阔的自然环境特征与浓厚热烈的地域文化特色，注重生态环境保护与修复，顺应自然，结合地形地貌因地制宜，突出黄土高原窑洞民居和台原地貌形态风貌特征。

（二）分类案例

1. 传统型城市公共空间风貌特色引导

（1）榆林古城

榆林是国家级历史文化名城。古城东依驼山，南凭榆阳河，西临榆溪河，北踞红山，地势上龙腾虎踞，街道上楼阁相望，衙署相连。榆林古城作为主城区旅游核心区域，是榆林历史文化与地域文化的集中承载区，也是市民与游客重要的公共活动场所。

1）在榆林古城城市设计中，突出古城三山环绕、二水相依；南塔北台，六楼骑街；宽街窄巷、寺群位上的历史格局，保护和传承营城智慧，营造浓郁的塞北古城氛围（图2–69、图2–70）。

2）把传统文化基因融入现代城市发展之中，引领文化产业发展，结合旧城改造与民生问题，建设集居住与商贸旅游休闲功能于一体的文化古城（图2–71）。

图2-69 南塔北台，六楼骑街；宽街窄巷，寺群位上的古城特色格局

图2-70 榆林古城历史格局及城市设计框架图

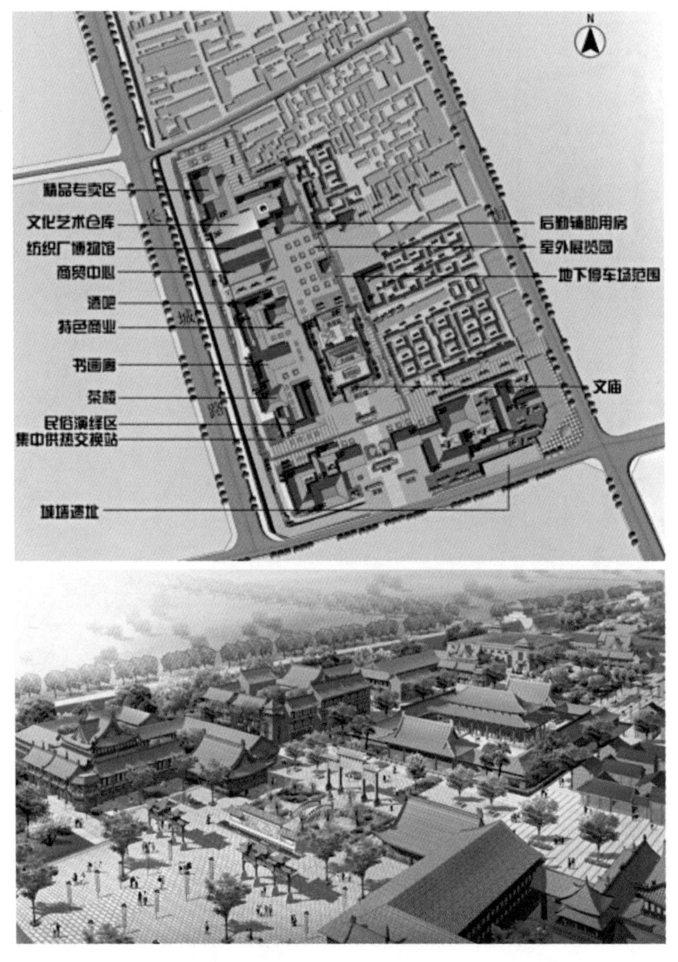

图2-71　延承传统肌理的文旅商贸街区空间景象

（2）延安市延安·1938红色旅游综合体

“延安·1938”是将红色文化、休闲和时尚消费相融合的国内首个红色创意文化旅游综合体，其公共空间塑造中呈现以下特色：

1）整体空间与山形地势环境融为一体，公共空间由五大核心文化体验项目构成，包括东方红大剧院、“长征之路”4D影院、“陕北民俗大舞台”、文化艺术广场等（图2-72）。

图2-72　顺应地势的公共空间景观

图2-73　地上地下、室内室外一体化公共空间景观

2）地下街区主街道天幕设置为透明空间，营造地上地下、室内室外一体化景观，让空间氛围回归1938年老延安城（图2-73）。

3）红色元素汇成记忆之河，以现代技术与表现手法，再现传统文化与红色文化的标语、墙报和漫画，烘托街区红色主题氛围。此外在建筑、景观、空间等方面保留老延安城记忆，从内容上对街区文化系统、生活体系重新设计，呈现出全面丰满的老延安印象（图2-73）。

2. 融合型城市公共空间风貌特色引导

（1）中国延安干部学院

延安干部学院是经党中央、国务院批准成立，由中央组织部管理的中央直属的国家级干部培训院校，学院地处革命圣地延安市西北川风貌协调区。

1）学院设计注重环境的协调与融合、生态维护与保持，整体风格庄重典雅、朴素大方，充分体现以人为本、以学为本的设计思想。

2）把弘扬“艰苦奋斗”的延安精神和“与时俱进、开拓创新”的时代精神相统一，质朴、敦厚的外观形式与现代空间结构相统一，力求体现环境育人的设计理念（图2-74）。

3）以周正对称的布局、舒缓平衡的节奏、简明饱满的造型和温和淳朴的色彩来体现“庄重典雅、朴素大方”的校园面貌（图2-75）。

4）为体现和弘扬“艰苦奋斗”的延安精神，在景观形态上力求宁静质朴，以雕塑、浮雕、刻书等景观营造具有延安特点的环境氛围。

色彩处理为红顶黄墙，夏日绿荫环绕，冬天素裹红装（图2-76）。

5）为体现“园林化”的风格，建筑不求在单体上争强斗胜，而以整体的面貌形成标志性形象，建筑体量控制在最小尺度的可能上，与树木互为隐掩映衬（图2-77）。

图2-74　质朴、敦厚的总体空间景象

图2-75　以周正、对称的布局凸体现庄重典雅、朴素大方的风格

图2-76　地域传统建筑符号、特色、色彩的运用

图2-77　与树木互为隐掩映衬的内部空间环境

（2）延安革命纪念馆

延安革命纪念馆位于宝塔区西北延河东岸，新馆坐北面南，主体建筑与延河上有视觉冲击力的彩虹桥为轴线呈对称布局。总体风貌塑造体现以下特色：

1）新馆入口门廊和东西翼入口大门均采用拱形，和“窑洞墙”一起体现了延安地区建筑文化的传承（图2-78）。

2）整栋建筑除休息厅、楼梯间处设有较大的玻璃窗外，其他均为竖向带状和点状的窄窗，适应北方气候条件。

3）正厅门前两侧，分别有“红军长征的落脚点”和“夺取全国胜利的出发点”大型群雕；主体建筑正面两侧有反应地域特色的18孔窑洞造型；大门两侧为“延安是中国民主革命的圣地”、“陕甘宁边区人民对中国革命的伟大贡献”的浮雕长卷（图2-79）。

图2-78　入口空间环境对延安地域文化与环境的呼应

图2-79 嵌入黄土地环境的空间整体景观

图2-80 “人、河、城”的空间整体景观

（3）榆林市榆溪河公园

榆溪河从榆林城区中部穿过，明清时期老榆林八景之一的“西河漱月”即指榆溪河城西段。河滨公园位于榆林中心区域，是榆溪河综合治理工程形成的一个集景观、园林、休闲、游憩为一体的滨河公园。

1）以“人、河、城”一体为理念，构建“一带、两点、三片区”的空间结构，包括历史文化休闲区、民风民俗展示区和生态运动休闲区（图2-80）。

2）体现生态修复与海绵城市设计理念，充分考虑满足卫生及防止泥沙的水体处理需求，公园在北部设置沉砂池，确保水头高程及洁净度（图2-81）。

3）公园内充分利用原有灌溉用水构建内部水景。整体水系以池、溪、瀑、泉、湖等不同水体景观加之亭、台、楼、榭、廊、栈桥等景观设置综合构成，展现丰富的滨水空间活力。

图2-81　入口区的生态治理景观

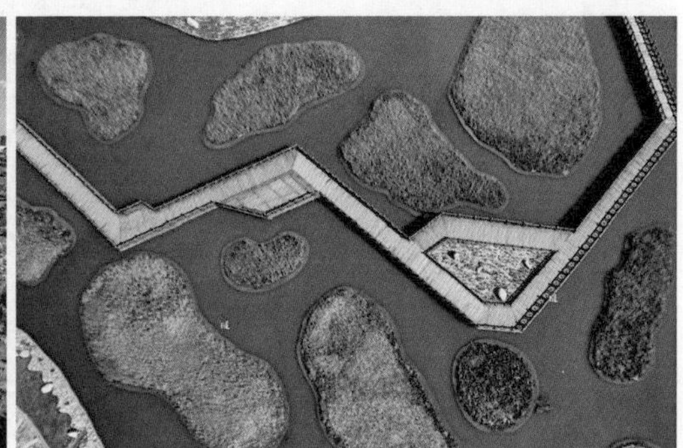

图2-82　对地域大地景观的原型传承

4）结合沙地“海子”的形态特征，在空间布局中予以体现，既利于水土保持，也是对地域大地景观的原型提取与传承（图2-82）。

3. 现代型城市公共空间风貌特色引导

（1）延安市民服务中心及延安大剧院

延安市民服务中心及延安大剧院位于北部新区延安南北中轴线北部，东西护山环绕，面向延河，眺望宝塔。

1）通过对城市规划、地域文化及风土习俗进行解读，提炼延安传统建筑空间布局、风貌特征和细节设计特色，结合景观环境设计，创造传承延安文化、彰显黄土高原地方特色的现代公共空间景象（图2-83）。

图2-83　总体空间景象

2）结合规划布局将图书馆、档案馆、展览馆等为市民服务的设施置于南区，联合中心园林打造市政服务轴线及城市展示与休闲场所。

图2-84 开放亲民的行政中心整体风貌

3）行政中心取消了传统的围墙式管理，将所有室外空间向市民完全开放，充分体现执政为民的开放性原则（图2-84）。

4）总体风貌朴素、稳重，结合延安拱形元素在建筑主入口、通廊等处的放大利用与重复，增强陕北地域文化特色。建筑材料吸取了延安窑洞经常用的坡屋面石板瓦，外墙面用朴素自然的面砖结合石材，产生丰富强烈的对比（图2-85）。

5）通过对自然地形的营造形成丰富的景观空间效果，通过曲径通幽的园路设计有效组织人行交通，同时结合多层次植物设计，形成游憩、休闲、交通、生态等多功能融合的景观区域。

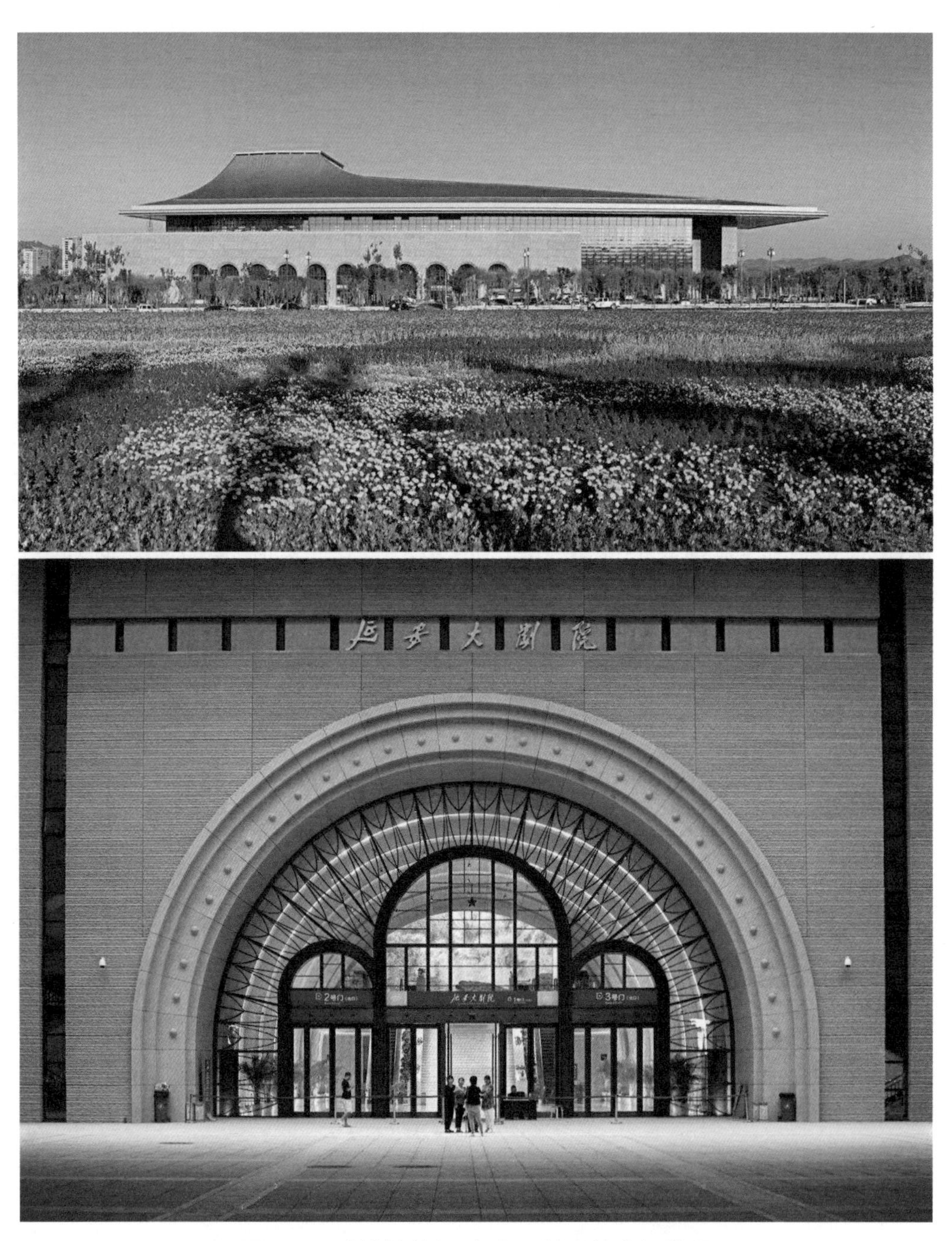

图2-85　地域材料、色彩、符号的空间体现

图2-86 传统与现代交融的景观风貌

（2）榆林市沙河公园

榆林沙河公园位于高新区北部、沙河南岸。公园建设既融合了塞上边城传统文化，又彰显出现代榆林发展的新风，在公共空间风貌塑造中呈现以下特色：

1）以山、水、绿、文一体化为特色，将传统与现代文化进行有机融合，既可以领略园林景观，又可感受山丘起伏，既可体味传统文化，又可体验现代时尚（图2-86）。

2）将榆林地域歌舞、美食、服饰、人居、文字、人物、手工艺等文化通过建筑、雕塑予以呈现，整体呈现出现代化的活力氛围（图2-87）。

3）强化地域适生树种的配置，同时注重四季景观塑造。

图2-87　文化的空间映现

四、陕南城市公共空间风貌特色引导

（一）引导要点

陕南北靠秦岭、南倚巴山，汉江自西向东穿流而过，汉中和安康两市具有良好的自然条件。秦巴汉水孕育了陕南两汉三国文化、秦楚巴蜀文化等多元文化，并在航空科技、休闲旅游等方面独具特色。陕南城市多分布于河谷盆地区域，地形相对平坦，在城市公共空间风貌营造中应突出与秦巴山水大环境的融合关系，并体现陕南多元包容的文化特征和钟灵毓秀的气质形象。体现陕南传统人居环境中的“平畴之中、依水而居”特色，公共空间应强化环境上与水的关联，注重山水意蕴对城市公共空间意境的影响。沿承传统聚落因山就势、因地制宜的生态基因，注重与地理、气候、植被等自然条件的适应，结合地域生活、习俗、文化特性，构建具有山地气质的公共空间环境。

（二）分类案例

1. 传统型城市公共空间风貌特色引导

（1）汉中市西汉三遗址

西汉三遗址由古汉台、拜将坛、饮马池共同构成，是汉中国家历史文化名城的重要构成部分。规划尊重现状城市肌理，保留现状街巷格局，挖掘街巷生活场所，将历史里坊功能商业性置换，栖居性空间向消费性空间转换，建设集遗址、博物馆展示、绿地休闲功能于一体的城市文化公共空间（图2-88）。

图2-88 西汉三遗址总体空间景象

图2-89　古汉台周边区域景观风貌特色

1）历史风貌区以保护现状传统风貌为主，对文物建筑、保护建筑和历史建筑采用传统材料、结构、工艺、色彩进行修缮、维护。拆除部分不协调建筑，新建筑风貌与周边传统建筑风貌保持一致（图2-89）。

2）风貌协调区拆除无法进行风貌整饬和改造的现状建筑，新修建筑与传统建筑风貌样式保持协调（图2-90）。

3）风貌过渡区对原有历史建筑进行修缮保护，新修建筑应提取地域建筑符号并融入设计之中（图2-90）。

图2-90　修缮及新建建筑共同构筑的街道整体风貌

图2-91 民俗气息浓郁的汉中东关正街景观风貌

（2）汉中市东关正街

如果说西汉三遗址作为汉中以传统官式建筑风貌为主的公共空间，那么东关正街则原汁原味地体现了汉中地域民俗文化特色。东关正街位于汉中老城东门外，是清代中叶以来依靠汉江水运逐渐发展起来的以商业、手工加工和家居为主的街区，为汉中市历史文化街区。

东关正街景观风貌塑造中，一方面要求传统建筑修缮时应保持原有高度、体量、外观形式、色彩、材质，对风貌不协调的建筑需予以改造，其高度、体量、色彩、外观形式应与街区内传统建筑协调；另一方面保护区域内原有街巷尺度轮廓，不得拓宽，保护沿街建筑与街巷宽度之间的比例。沿街建筑的檐口和屋脊高度、立面形式要保持传统风貌（图2-91）。

2. 融合型城市公共空间风貌特色引导

（1）汉中市高铁站周边区域

汉中高铁站作为“十二五”综合交通运输体系规划中区际交通网络重点工程，已成为联系秦巴山区各城市的重要枢纽。在汉中高铁站周边区域规划中，提出通过功能提升优化、交通环境整治、建筑风貌重塑等措施，建设秦巴综合枢纽中心与汉中时代形象新空间。

1）围绕高铁站，通过功能圈层式复合用地开发、公共开敞空间系统化构建、城市文化印记标定等措施，激活车站空间活力，彰显汉中城市热情。建筑以简约汉风作为主要风貌，体现汉中地域文化特色（图2-92、图2-93）。

图2-92　汉中高铁站整体空间景象

图2-93　汉中火车站广场立体空间景观

2）注重城市视线廊道控制，站前广场至中心广场的视线廊道，道路中线两侧各30米范围内，严格控制建筑高度控制在10米以内（图2-94）。对通廊内建筑风貌、色彩、材质、造型、标识等进行引导控制。

3）严格控制车站区域天际轮廓线，形成由车站向东西两侧逐渐升高态势，其中火车站广场周边200米范围内建筑高度严格控制在30米以下，突出站房建筑地标地位，突出疏朗大气的城市门户空间景观（图2-95）。

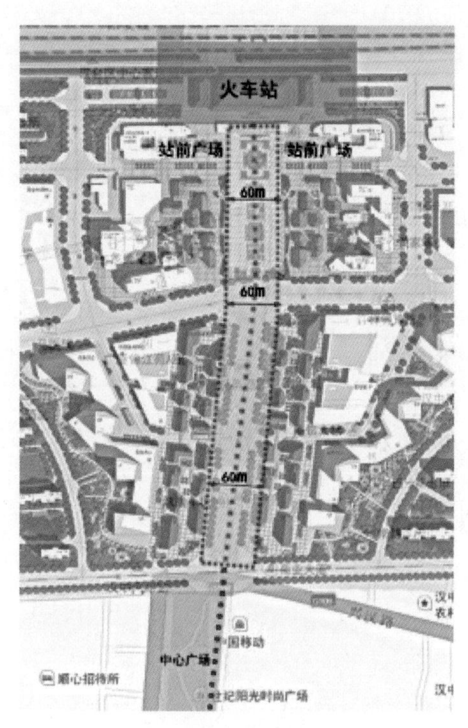

图2-94　视线廊道控制

（2）安康市博物馆及古渡公园

安康市博物馆位于汉江北岸，紧邻汉江古渡口，具有“安康文化祠堂”和“安康会客厅”的作用。

1）博物馆位于江边高台之上，整体体现了“高台临江、四面通透、秦地楚风”的融合特色，是安康中心城市一江两岸风景线上的重要景观建筑，与江边公园绿化相得益彰（图2-96）。

2）博物馆是现代建筑与传统建筑风格的结合，主体部分为高台现代建筑，屋顶部分融入荆楚文化中的建筑特色（图2-97）。

3）古渡公园紧邻博物馆，二者共同构成江北公共活动中心。古渡公园采用现代明快的方式阐释古渡文化，与博物馆敦厚的风格形成鲜明对比（图2-98）。

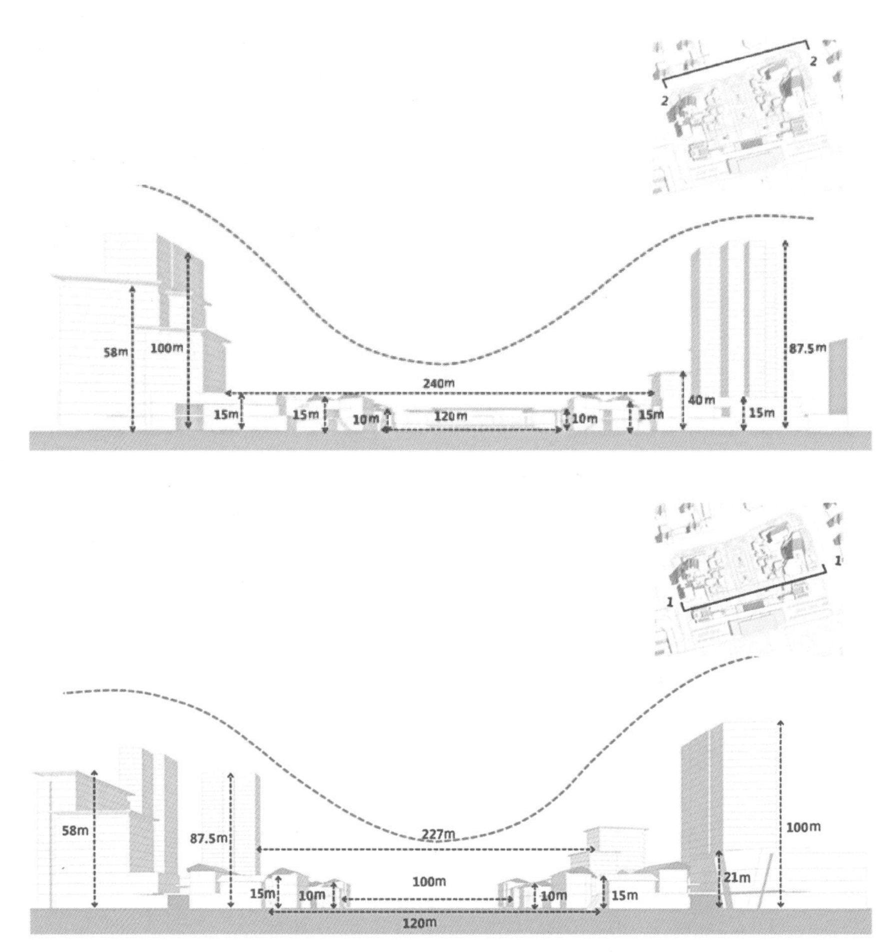

图2-95　天车站周边际线控制

图2-96 “高台临江、四面通透、秦地楚风”的空间景观

图2-97 现代与传统相融合的空间环境

图2-98 现代明快的方式阐释古渡文化

3. 现代型城市公共空间风貌特色引导

（1）汉中市川陕革命根据地纪念馆

川陕革命根据地纪念馆位于汉中市大河坎区，是全国百家红色经典旅游景区和陕西省三大红色旅游景区之一，是川陕革命根据地在陕西唯一的纪念馆。

1）场馆设计总体上采用了大地艺术的表现手法，将纪念馆主题建筑与红寺湖秀美的自然风光巧妙结合（图2-99）。

2）建筑与环境融合，以石材为主要材料，采用半下沉式与内庭院式布局组织空间，让建筑隐于环境，让空间阐述历史（图2-100）。

3）将革命文化的内涵通过建筑的空间光影变化、形态组合、水面倒影等予以体现。

图2-99　融入山体背景的总体空间景象

图2-100　建筑隐于环境，空间阐述历史的景观塑造理念

图2-101　公园里的房子景象与商山落雪意境

（2）商洛市文化艺术中心

商洛文化艺术中心位于市行政中心区，是集商业、会展、影剧院、博物馆、群艺馆、图书馆等功能为一体的城市文化综合功能区。

1）设计中将巨大的建筑体量化解为多个小建筑，形成亲人尺度的开放空间。把平地转化为立体起伏的“坡地”，“坡地”下设商业和停车库，通过小体量建筑跌落于起伏坡地之上，塑造出“公园里的房子”景象（图2-101）。

2）根据各馆使用人群的密集程度和对景观的不同需求，将对景观要求较高的群艺馆和图书馆放置在沿河一侧垂直河水走向布置，留出河景视线通廊，使剧场和展览馆的休息厅都有通向河岸的视线通道（图2-102）。

3）屋顶延续墙面材质，增加自由布局的采光孔，白天如晶莹雪花，夜晚如点点繁星，描绘出“商山落雪”的唯美意境（图2-101）。

4）将外部城市景观引入建筑群体内部，创造出积极的庭院景观，形成内外通达延续的整体空间感受，满足市民亲近自然的需求（图2-103）。

（3）安康学院新校区

安康学院新校区地貌特征为西北高、东南低、中间低洼的干沟扇形丘陵，最大高差32米。在新校区设计中，充分运用现代山水营建思想，

图2-102　滨河景观

图2-103　绿化景观内部化

塑造出特色鲜明的校园空间景观风貌。

1）模拟自然山水，尊重原有地形，保留基地中风景骨架，结合场地特征依山就势、低洼成湖，形成场地与建筑相融合的整体环境，并以大秦岭与巴山为背景，进而创造出清新、自然、生态的山水校园（图2-104）。

2）以一湖、一山、一走廊的布局构建百年风景大格局。一山位于整个校园景观中心，是校园地形的最高点，种植具有秦巴山特色的植物，使之成为校园景观主体。一走廊为景观漫步道，步道采用流畅的大弧线，步移景异，增添校园艺术气息（图2-105）。

图2-104　融入场地环境的建筑

图2-105　错落有致的建筑与滨湖曲折的岸线景观

3）校园内部主轴线保证开敞度，通过底层架空的建筑、纯净的场地环境使得视线内外贯通（图2-106）。

图2-106　贯通的视线景观

第三章

城镇公共空间风貌特色引导

一、城镇公共空间特征及风貌特色引导总则

城镇规模介于城市和乡村之间，公共空间兼有城市公共空间和乡村公共空间的特征。本章所指城镇一般是指县城、县级市和乡镇，既包括建制镇，也包括县城所在地的镇，对于当前以“特色小镇”形式建设的区域，本研究结合其所在区域进行筛选，仅选择镇区范围内的案例作为解析对象，其他区域划归乡村公共空间营建引导中。

城镇公共空间类型多元，包括满足城镇居民日常使用的广场空间、公园空间、商业空间、交通空间、文化空间等，也包含城镇郊野文化旅游空间。由于其功能和使用人群不同，呈现出不同风貌特色。

城镇公共空间与乡村公共空间类似，地域性和乡土性是其重要特色之一。城镇公共空间的风貌营造是展现地域文化特色的重要途径。陕西三大区域特色鲜明，公共空间也呈现出各具特色的风貌。关中平原之上，城镇公共空间多呈现出规整、质朴的风貌特征，展现了关中厚重的历史文化和农耕文明；陕北黄土沟壑之间，城镇公共空间多呈现出层次分明、色彩厚重的黄土台塬和窑洞风貌特征，展现了陕北淳朴、厚重的黄土文化；陕南秦岭巴山之下，城镇公共空间多呈现出自然、秀美的陕南山水空间和田园乡居风貌特征，展现了陕南自然、祥和的山水文化。

综上，作为体现城镇空间活力和地域特色的核心表征，城镇公共空间风貌特色塑造应着重以下几方面：

（1）遵循“天人合一”的传统哲学思想，以崇尚自然、珍惜自然、合理利用自然的态度，建立城镇与外围山水环境的关系，将公共空间与整体环境有机融合。使用地域树种，合理搭配乔灌草等植被的种植比例

和种植方式，加强垂直绿化和屋顶绿化率，提倡使用透水铺装等海绵城市设施，改善微气候环境。

（2）从公共空间基本使用功能入手，针对不同功能主题和公共空间等级，结合使用人群需求，强化基本功能使用的混合度，对公共空间进行分类分级引导，塑造功能合理、主题鲜明的多元公共空间风貌。

（3）挖掘地域文化特色和气候环境特征，提炼地域特色符号，并通过建筑风貌、环境小品等设计加以诠释，彰显地域特色。注重整体与细节的协调，通过群体组合、单体塑造、节点设计营造整体统一、局部变化、重点点缀的景观风貌形象。

（4）结合人体感受，控制公共空间整体尺度、建筑尺度、道路与广场尺度、雕塑等小品尺度，强化精细化设计，避免夸大的尺度带来空间不便。

（5）加强公共空间智能化设施应用，包括智能绿化管理系统、LED灯、智能导示系统等。

通过以上引导要求，塑造整体有序、功能合理、特色鲜明、生态良好、尺度宜人、景观优美的城镇公共空间特色风貌。

本章在整体引导的基础上，筛选出目前陕西省域内已建成或已初步落成的21个城镇公共空间案例，涵盖关中、陕北、陕南三大区域和西安、榆林、汉中等十市，包括传统型、融合型及现代型三大类型，在后文中对其加以解析性引导（表3-1、图3-1）。

陕西省城镇公共空间风貌特色引导分类应用案例一览表　　表 3-1

	传统型	融合型	现代型
关中	关中民俗博物院（西安长安区） 关中风情园（宝鸡扶风） 陈炉古镇（铜川） 茯茶小镇（咸阳泾阳）	尧头窑古镇老街（渭南） 照金红色文化教育基地（铜川） 羌文化演艺中心（宝鸡凤县）	周原广场 （宝鸡岐山） 七星河湿地公园 （宝鸡扶风）
陕北	府州古城（榆林府谷） 铁边城镇（延安吴起） 文安驿古镇（延安延川）	卧虎湾新区（榆林米脂）陕北民俗文化大观园（榆林神木）	河庄坪镇（延安）
陕南	诸葛古镇（汉中勉县） 石泉老街（安康石泉） 花溪弄（商洛洛南）	音乐小镇（商洛洛南）	洋县朱鹮梨园 （汉中洋县） 商南文化广场 （商洛商南）

二、关中城镇公共空间风貌特色引导

（一）引导要点

关中地区历史文化丰厚，民俗文化博大精深，现代科教实力突出。

关中城镇公共空间风貌特色塑造应遵循“天人合一”的传统哲学思想，运用中国书画“疏可走马，密不透风，计白当黑”的艺术手法，塑造虚实相生、刚柔并济、动静相宜的空间艺术特征，以此作为关中城镇公共空间风貌特色营造的主导思想，在此基础上，针对关中地域特征，着重突出以下几点：

（1）注重与秦岭、渭河等山水环境相融合。尊重自然地形和气候条件，公共空间布局可顺应地势，并连通外围山水环境，塑造融合关中自然特色的公共空间。

（2）传承关中历史文脉和地域民俗文化。可重点在空间风貌营造中融合关中传统文化符号，体现关中地域特色。如在整体建筑布局中可提

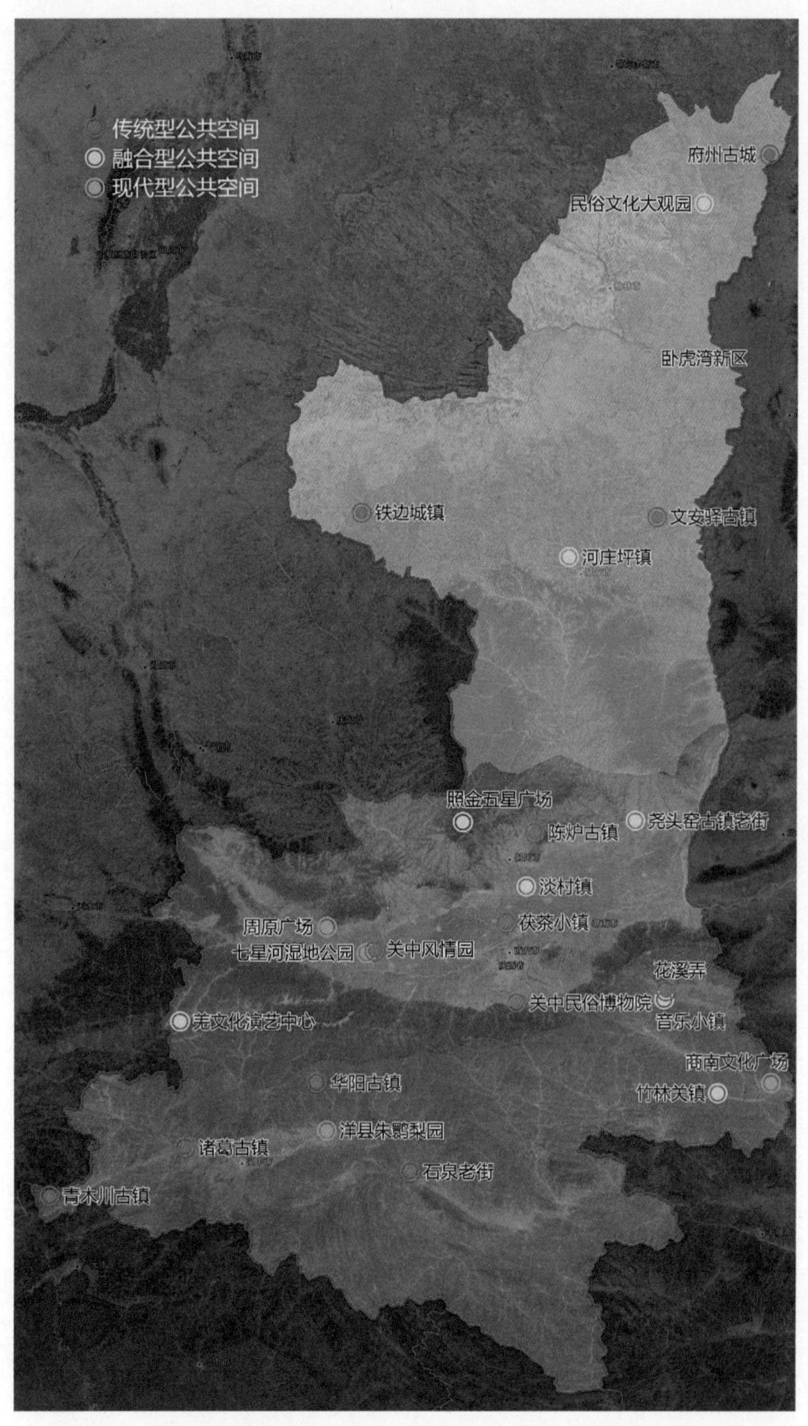

图 3-1　陕西省城镇公共空间风貌特色引导分类案例分布图

取关中窄四合院的组合形式，在单体建筑设计中可提取关中民居半坡屋顶形态符号，在环境装饰设计中可提取关中剪纸等民俗文化符号并加以变异和应用。

（3）现代风貌的公共空间可运用现代建造材料和技术，通过现代建筑语言体现具有关中气质的现代公共空间风貌特色。

（二）分类案例

1. 传统型城镇公共空间风貌特色引导

（1）西安五台镇关中民俗博物院

关中民俗艺术博物院位于西安市南五台山下，占地规模33.4公顷，是一座以民俗文化为内涵、以明清建筑群和传统园林风格为载体的文化主题园（图3-2）。其在空间风貌特色塑造上主要有以下特点：

1）空间总体布局上，注重与秦岭的生态过渡关系，临近秦岭南部区域建筑较疏，北部相对较密，进而将秦岭的生态环境有机引入园内，自北向南一览秦岭自然大背景（图3-3）。

2）轴线的严整与园林的自由结合布局，既传承关中营城文化中的崇山思想，通过轴线组织空间秩序，也体现“疏可走马、密不透风，刚柔并济、虚实相生”的空间营建艺术。

3）自由游览线路与规则轴线游览线路结合，将展览、游憩、园林体验等不同空间有机串接，灵动而不失秩序，严整而不失变化。

4）虚实视线通廊相结合，通过不同视觉焦点建筑物将不同主题空间组织形成整体，并通过起伏变化的天际轮廓线将建筑群有机融入山体背景之中。

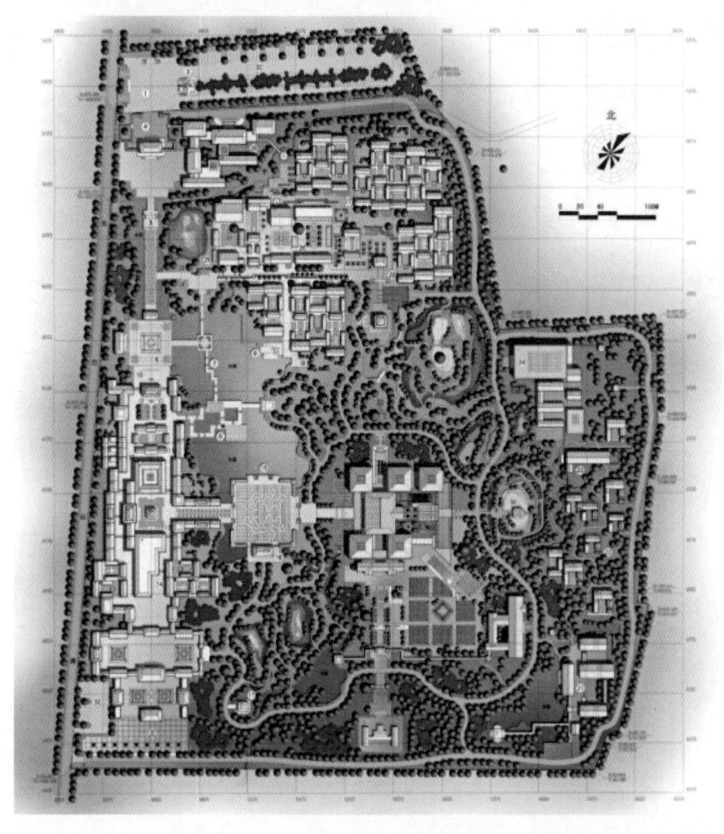

图 3-2　严整与自由灵动结合的关中民俗艺术博物院总平面图

图 3-3　顺应山体走势的建筑群

5）注重空间感知的行为心理变化，通过建筑的进退变化及绿化空间的渗入组织多元化空间界面。充分体现以人为本的设计思想，在空间尺度的控制、建筑高度、游憩与导览设施方面注重人文关怀。

6）景观序列上开合有序，通过密植的绿化和紧凑的建筑布局与开阔的水面形成空间对比（图3-4）。注重通而不畅的景观空间效果，入口区域通过“照壁”的设置将空间视线进行转换（图3-5）。

7）风貌塑造上，以明清传统建筑风貌为主，整体呈现青灰色与黄色主色调，点缀红色，材质上以石材、木材、灰砖等为主。通过拴马桩、柱石、石凳等景观设施点缀空间氛围（图3-6）。注重绿化景观的多样化，一方面以地域化树种为主，同时注重植被的四季景观变化，另一方面注重植被的高低与乔灌木搭配。

图 3-4　开敞的水面空间景观

图 3-5　关中民俗艺术博物院入口街道空间

图 3-6　拴马桩景观小品

8）注重人的参与性与体验性，通过空间活动的植入将人与环境有机互动，在参与中感受文化气息。在环境品质上提高精细化营造品质。运用传统营建技法对建筑与景观进行建设。

（2）宝鸡市扶风县关中风情园

关中风情园设置传统工艺之园、观光示范之园、民俗文化之园、自然生态之园、楼亭水韵之园、植被花卉之园、建筑创新之园、餐饮商务之园、民族风情之园等十大园林，集会议研讨、观光旅游、餐饮住宿、休闲养生为一体。在空间风貌特色塑造上主要有以下特点；

1）注重不同入口空间氛围营造，打造不同体验效果。南门气象祥和，是迎客入住的主通道；西门古朴典雅，客人步入别有一番情趣体验，具有厚重的文化色彩（图3-7）。

2）通过马车、楹联雕刻、金字牌匾、建筑墙壁喷绘、工艺屏风等方式点缀营造一种古朴接地气的关中风情空间氛围（图3-8 ~ 图3-10）。

3）官邸显现周风古韵，建筑设计独特，内部设施现代，营造安神休闲、养心养生氛围。院中有院，格局独特新鲜（图3-11）。

图 3-7　关中风情园入口空间

图 3-8　关中风情园小品设施

图 3-9　关中风情园门楼

图 3-10　关中风情园景观小品

图 3-11　关中风情园院落空间

（3）铜川市陈炉古镇

陈炉古镇位于陕西省铜川市东南15公里处，属铜川市印台区所辖。全镇总面积99.7平方公里，地形为土石低山梁塬丘陵地貌（图3-12）。陈炉古镇是宋元以后耀州窑唯一尚在制瓷的旧址，其烧造陶瓷的炉火1000多年来灼灼不息，形成“炉山不夜”的独特美景，是古同官八景之一（图3-13）。

其在空间风貌特色塑造上主要有以下特点：

1）以陶瓷为主要元素的城镇整体风貌完整，在西北地区独居一格。

2）典型山地聚落、形态依山就势，呈现层层叠叠的如蜂房一样的民居风貌（图3-14）。

图 3-12　陈炉古镇

图 3-13 “炉山不夜”灯光夜景

图 3-14 依山就势、层层叠叠的民居风貌

图 3-15　瓦罐叠墙、瓦罐铺路——自然朴实的建筑风格

3）用瓦罐垒墙，瓷片铺路，建筑风格朴实，自然（图3-15）。

（4）茯茶小镇

茯茶小镇位于泾阳县东路与高泾中路交叉处西北角，占地约1300亩，以泾阳茯茶文化为依托，建设茯茶文化产业园，带动周边村镇经济及旅游开发，形成茯茶文化、关中民俗文化、关中生活文化为一体的茯茶小镇，其在空间风貌特色塑造上主要有以下特点：

1）空间布局上，注重与泾河的空间关系，传承关中传统街巷空间肌理，采用街区式布局方式组织小镇空间（图3-16）。街道空间营造与水环境相结合。

2）采用关中明清时期建筑风格，运用青砖、灰瓦、石板等建筑材料，体现关中传统建筑古朴特征（图3-17）。

图 3-16　茯茶小镇风貌

图 3-17　茯茶小镇典型街道

图 3-18 茯茶小镇局部空间

3）运用关中农耕文化和民俗元素于建筑和小品设计中。呈现出繁荣、质朴、祥和的空间风貌特征（图3-18）。

2. 融合型城镇公共空间风貌特色引导

（1）尧头窑古镇老街

尧头窑是渭南历史上著名的民间瓷窑之一，是我国传统制瓷历史文化的组成部分，是北方黄河流域著名的窑口之一，对耀州窑有着极为重要的继承、弘扬和发展，丰富了陕西地区的窑口分布，是北方民间瓷窑的典型代表（图3-19）。其在空间风貌特色塑造上主要有以下特点：

1）门户空间设计提取陶艺元素并将其抽象，在突出地方特色的同时又极具标志性，展现了独特的城镇空间风貌（图3-20）。

2）通过褐瓦漫顶的窑洞、青砖黛瓦的建筑、别具历史文化的铺面，营造尧头窑古朴清澈味道。

3）通过对花架、老式小卖部、茶馆、酒楼等一系列传统元素的应用，同时又融合现代的功能空间，展现出独特且具有融合性的空间风貌。

图 3-19 依山而建的尧头窑古镇

图 3-20 门户空间设计

图 3-21 街道空间风貌

4）街道空间的高宽比适宜，既对空间进行限定也不会显得过分压抑，对游客具有较强的吸引力（图3-21）。

（2）照金五星广场

照金是关中地区红色文化旅游的重要表征地，是全国百家红色旅游经典景区之一。照金整体风貌以展示红色文化为主题，其中尤以五星广场为典型（图3-22），其主要特点如下：

图 3-22　照金五星广场

1）采用对称式布局，体现革命圣地和红色文化的庄严、肃穆之感。

2）运用红星、革命烈士主题雕塑等带有浓郁红色文化的符号加以景观小品设计，强化场所空间氛围营造（图3-23、图3-24）。

3）采用砖红色和白色作为建筑主色调（图3-25），与铜川地域色彩相融合。

4）提取铜川地区窑洞拱券符号（图3-26），并应用于门、窗等的设计，体现地域特色。

（3）宝鸡凤县羌文化演艺中心

凤县地处秦岭山脉西段，羌族是当地少数民族，羌族文化也成为凤县文化的重要组成部分。凤县羌文化演艺中心是其羌文化重要的表征地（图3-27），主要有以下几个特点：

1）主体建筑与山体、河流融合，形成良好的空间关系。

2）主体建筑形态提取羌族传统碉楼的形态和装饰符号，并通过现代设计手法加以应用（图3-28）。

图 3-23 广场上的五星标志

图 3-24 五星广场主题雕塑

图 3-25　陕甘宁革命根据地照金纪念馆

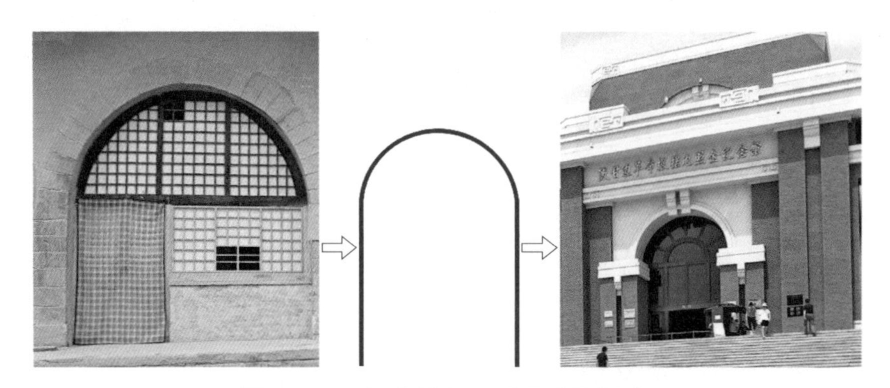

图 3-26　纪念馆入口采用窑洞元素

图 3-27　凤县羌文化中心整体风貌

图 3-28 建筑形态源于羌族传统建筑元素

3）周边建筑运用石材、木材等地域建筑材料，体现地域文化（图3-29）。

4）入口空间设计具有民族传统文化的挂饰（图3-30）。

3. 现代型城镇公共空间风貌特色引导

（1）岐山县周原广场

周原广场位于岐山县城西关，占地4.6万平方米，以北干渠为界分为南北两部分，南为集散广场区，占地2.6万平方米。该广场是为了纪念周公姬旦而修建（图3-31）。

主要设施为周坛、弧形壁、石雕龙凤柱、石刻及八件复制文物，其中主景有“文王访贤”、“武王返岐”两大群雕，煅铜大盂鼎一座（直径5.34米，高6.9米，基座3米，共高9.9米），代表岐山为青铜器之乡。广场的特点可以总结为以下几方面：

图 3-29　建筑风貌及景观小品

图 3-30　入口空间风貌

图 3-31　煅铜大盂鼎及其周边公共空间

1）现代型的广场上放置一煅铜大盂鼎，既满足了人们休闲娱乐的功能，也使得广场文化氛围更加浓厚（图3-32）。

2）广场主要设施为周坛、弧形壁、石雕龙凤柱、石刻及八件复制文物，富有文化气息与观赏价值（图3-33，图3-34）。

3）景观植物的种植对于广场空间的塑造也起到重要作用。营造绿树成荫、环境优雅的市民休闲娱乐活动场所。

（2）宝鸡市扶风县七星河湿地公园

七星河国家湿地公园位于宝鸡市扶风县，集河流湿地、库塘湿地、沼泽湿地特征于一体，是典型的渭北黄土台塬河流湿地（图3-35）。

园区占地1780亩，绵延4公里，重点打造了金色梯田、杉竹叠影、碧草芦飞、果红满陇、杏棠烟雨等26个景观节点，形成步移景异、四季有景的景象。其在空间风貌特色塑造上主要有以下特点：

1）公园以湿地为轴线，在东西两岸建立丝路风情园、民俗餐饮文化体验园、特色食品加工展示作坊、窑洞酒店、文化演艺、儿童游乐园等12处休闲游乐区域。

2）采用堆砌的石头来对入口空间进行塑造，凸显了公园的自然生态这一特征，同时也使入口空间极具特色（图3-36）。

3）水面上架有人行栈道，使人与水更加亲近，提升了水面空间的可达性（图3-37）。

4）景观小品的布置提升了空间的趣味性和丰富性（图3-38）。

5）丰富的植物品种在提升整体环境品质的同时，也塑造了独特的自然空间风貌。

图 3-32　煅铜大盂鼎及其周边公共空间

图 3-33　周坛及弧形壁

图 3-34　“武王返岐”与石雕龙凤柱

图 3-35　七星河湿地公园

图 3-36　公园入口空间

图 3-37　水上栈道

图 3-38 景观小品提升了空间的趣味性

三、陕北城镇公共空间风貌特色引导

（一）引导要点

陕北地区依托能源化工基地打造一批工业强镇，以产镇融合谋求发展，进而带动公共空间营造，彰显陕北小城镇黄土文化、红色文化特色，凸显“厚、旷、豪、淳”等特点。

陕北黄土高原地形和关中、陕南有较大的不同，千沟万壑，较难形成大面积的公共空间风貌。陕北地区较为干旱，所以相对关中和陕南地区，其植被覆盖率较低。陕北窑洞就是在这样的地形和气候条件下孕育出的建筑形式。

陕北城镇公共空间风貌特色着重突出以下几点：

（1）注重与黄土高原和塞北沙地等自然环境相融合。尊重自然地形和气候条件，公共空间布局顺应地势，联通外围山水环境，塑造融合陕北地貌特征的公共空间。

（2）传承陕北历史文化和地域民俗文化，彰显红色文化。融合陕北地域文化符号，体现陕北地域特色。在整体建筑布局中可提取黄土高原分形地貌空间特征，在单体建筑设计中可提取黄土台塬、窑洞拱券等形态符号，在环境装饰设计中可提取陕北剪纸、石刻等民俗文化符号并加以变异和应用。

（3）现代风貌的公共空间可运用现代建造材料和技术，通过现代建筑语言体现具有陕北气质的现代公共空间风貌特色。

（二）分类案例

1. 传统型城镇公共空间风貌特色引导

（1）府州古城

府州古城（图3-39）坐落在府谷县城东侧约1公里的石山梁上，西临马家沟，东临甘露沟，南傍黄河天堑，仅有北侧与五里墩山相连，全城悬崖峭壁，地理位置十分险峻。城内原有横贯东西的主街2条，纵横成网的坊巷12条，店铺林立、商号甚多，是当时政治、经济、军事、文化中心。钟楼位于古城中心，还有文庙、城隍庙、魁星楼、鼓楼、关帝庙（图3-40）等。其间又有木构牌楼6座缀饰，雄伟高大，古朴典雅。独特的地势和精美的建筑形式堪称古堡精华。

府州古城有以下几个特点：

1）地势起伏明显。由于古城建于山梁之上，整体起伏变化明显，形成突出的天际轮廓线（图3-41）。

2）公共空间风貌独特。由于古城初始主要功能是防御，所以有着城墙、城楼、瓮城等防御空间。这些空间现在都成为人们活动的街道以及

图 3-39　府州古城

广场，而这种独特的、由军事设施演变而来的公共空间也使得古城风貌颇具特色（图3-42）。

3）文化底蕴深厚。府州古城始建于五代时期，是我国北方保留最完整的石头城，为全国重点文物保护单位。古城中的公共空间具有很深厚的历史文化沉积（图3-43）。

（2）铁边城镇

铁边城镇（图3-44）是一座历史文化古城，位于延安市吴起县西北部，距县城35公里，先后被评为延安市城乡统筹示范镇、陕西省文化旅游名镇、全国重点镇。铁边城历史上是边陲军事重镇，有女王三姊妹守城、范仲淹巡边等历史故事。古城内的古迹有城墙、水牢、刑场、营盘、校场滩、月城、驿站、古马道等，多种文化在这里交流融合，形成了以羊肉、剁荞面为特色的饮食文化，以豆粘画、鞋垫等为特色的民俗文化，以及白于山区的民俗文化、边塞的军事文化和边陲的商贸文化等。

图 3-40　关帝庙建筑与空间

图 3-41　府州古城城楼

图 3-42　府州古城城墙步道

图 3-43　府州古城空间风貌

图 3-44　铁边城镇

铁边城镇有以下几个特点：

1）与自然生态的完美结合。铁边城古镇北依铁边山，南临洛河主流头道川水，西临王洼子川水、东为冲沟。周边有九座山峁呈环形拥抱，

图 3-45　铁边城镇入口空间风貌

从地形看，周边还有三条川谷直接面对此城，形成三川夹一城的地貌特征，头道川河蜿蜒曲折穿过河谷，东西两山夹峙，城堡突兀于河山间的台地上，地势险峻，易守难攻，所有的防御工事各抱地势，筑城于山体之上，充分利用自然形成的山体天堑，且群山拱卫，与自然的地形浑然一体（图3-45）。

2）公共空间风貌独特。突出的军事防御功能构成古城历史的主要风貌，也为新的风貌特色营建提供了丰厚的文化基础（图3-46）。

3）建筑形式为坡屋顶的仿古建筑，色彩以灰色和朱红为主（图3-47）。

（3）文安驿古镇

文安驿古镇位于陕西延安延川城西15公里处，西魏大统三年即公元537年设文安郡和文安县，距今已有1400多年历史。古镇在保持陕北古村落肌理风貌基础上，以文安驿古驿站为核心，以原生村民社区为延伸，立足

图 3-46 铁边城镇广场空间

图 3-47 铁边城镇建筑形式色彩

古镇风貌保护，彰显底蕴文化特色，将文安驿打造为集精品住宿、特色餐饮、主题文化展示和人文体验、艺术家写生基地于一体的复合型旅游古镇。

文安驿古镇的空间营造始终以修旧如初为理念，古镇在城镇公共空间风貌上具有以下特点：

1）依山就势的空间组合，和自然地形契合，保持陕北古村落肌理风貌，体现出当地原生的特性（图3-48）。

图 3-48　依山就势的文安驿古镇

图 3-49　文安驿古镇入口空间

2）入口处牌楼通过传统的工艺进行修复设置，增强了标示感与景观性（图3-49）。

3）建筑群体按照中国传统窑居建筑的修复方法来恢复，采用传统的工艺、材料和工匠，运用陕北传统的窑洞形式，形成院落（图3-50～图3-52）。

图 3-50　文安驿古镇建筑风貌

图 3-51　文安驿古镇街道风貌

图 3-52　文安驿古镇夜景风貌

图 3-53　建筑及铺地材质

4）就近取材，应用百年以上老窑洞建筑材料，对每块石头，每个窑洞进行编号，再重新进行恢复，整体色彩以土黄色为主，彰显黄土高原的风貌特质（图3-53）。

2. 融合型城镇公共空间风貌特色引导

（1）榆林米脂卧虎湾新区

卧虎湾新区位于无定河东岸，米脂县城东南，北至银州东路，西至国道210，南依老树沟，新区总面积172公顷（图3-54）。区域内地形变化丰富，空间灵动，具有独特的陕北山地景观风貌。将卧虎湾新区塑造成独具陕北黄土高原地域特色的文化新区是建设目标，新区有以下特点：

1）尊重区域地貌原生格局，保留南北向主沟壑底部平坦开阔的空间及两侧梁峁空间总体形态，使原生地貌成为规划结构的骨架。

2）依照现状春声北路东侧逐级上升地貌趋势，保留千叶山峁进行绿化建设。保留春圃东路由东向西逐级递减的台地地貌。

3）建筑依山设置，控制高度，采用低层高密度布局方式。立面色彩与地域环境色彩相统一（图3-55），营造富有传统聚落风貌特色的城市空间。

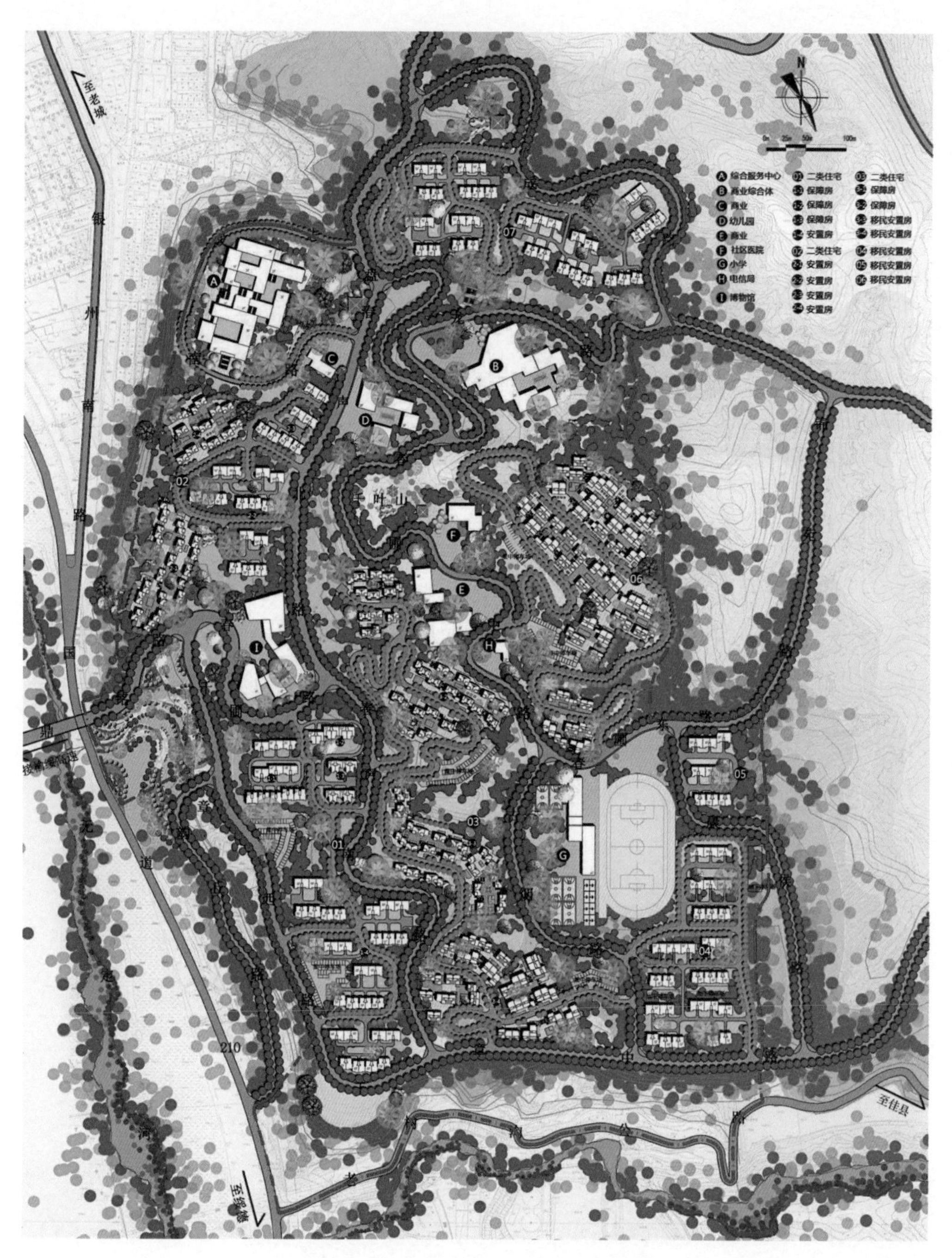

图 3-54　米脂卧虎湾新区平面图

图 3-55　建筑风貌与立面色彩

图 3-56　台地式建筑

4）尊重现状地貌格局的同时，对地形进行微观整理，满足建设需求。将自然与建筑相融合，营造具有黄土高原山地建筑特征的公共活动空间（3-56）。

5）灯光的照射使得台地建筑在夜间更加具有层次性（图3-57），营造出富有趣味的空间风貌。

图 3-57　商业中心夜景

（2）陕北民俗文化大观园

陕北民俗文化大观园位于神木县解家堡乡木瓜梁村，距县城9公里，总占地面积20公顷，是目前陕北最大的民俗文化展示区。园区划分为大门景观区、会议中心区、民俗文化区、服务接待区、农耕文化体验区、大棚种植区、林果休闲区、康体游乐区和办公区、员工生活区共10个功能分区，覆盖了陕北民间生产、生活、祭祀、娱乐等各个方面，堪称蕴含陕北农耕、民俗文化的一座历史大观园（图3-58）。

文化大观园特点可以概括为以下几方面：

1）公共空间主要通过收集的陕北典型艺术产品、农耕用具、婚葬嫁娶用品等的实物陈列，及利用三维动画技术和虚拟现实等方式把陕北民俗文化精髓通过实景场面和互动方式呈现在市民与游客的面前，使得文化展示更加生动。

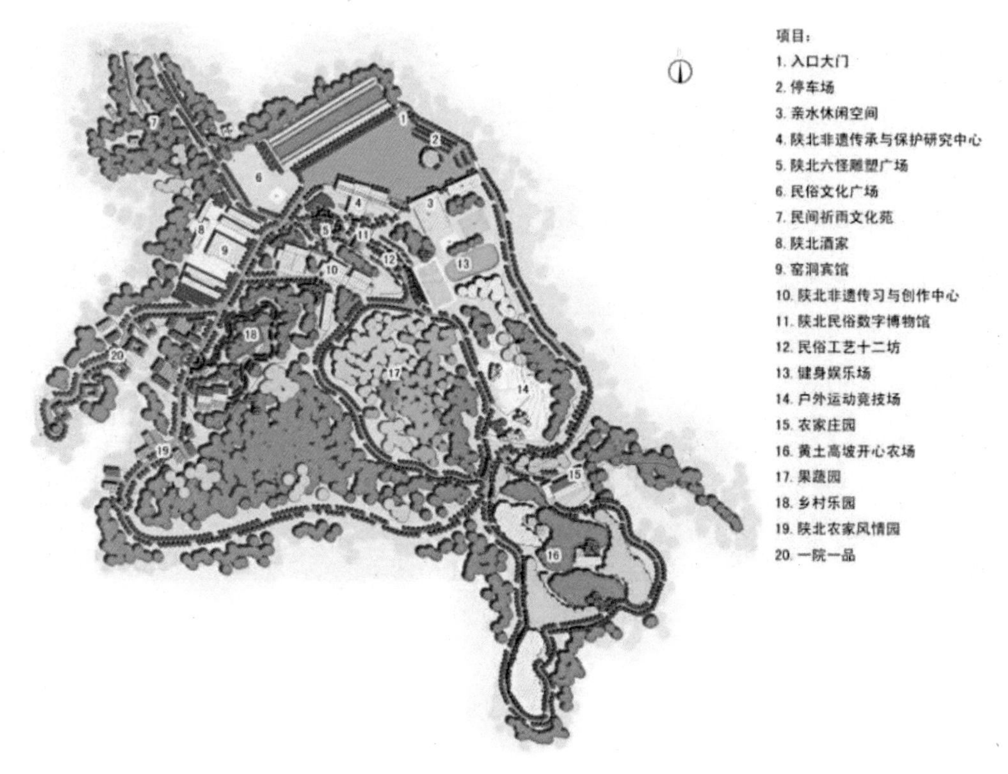

图 3-58 陕北民俗文化大观园平面图

2）依托民俗工艺十二坊、陕北非遗传习与创作中心、陕北农家风情园、黄土高坡开心农场、户外运动竞技场等场所的营建，形成富有陕北地域文化特色的公共空间。

3）入口空间较好融合了传统元素，凸显了大观园整体的空间风貌特征（图3-59）。院落空间（图3-60）尺度较小，具有很强的空间限定作用，提供了具有浓厚地域特色的空间尺度感受。

4）建筑色彩及形态均体现出传统特征，形成统一的建筑风貌。空间内通过颇具特色的壁画（图3-61），使整体氛围具有明确的文化归属感。

图 3-59　大观园入口空间风貌

图 3-60　特色建筑风貌

图 3-61　大观园内部壁画

3. 现代型城镇公共空间风貌特色引导

（1）河庄坪镇

河庄坪镇是延安市宝塔区的一个城郊镇，是具有现代风貌特色的陕北新型小城镇，主要有以下几个特点：

1）城镇建设遵循地形及山势走向（图3-62），整体空间布局与自然环境相协调。

2）积极打造城镇节点空间，丰富城镇空间风貌的同时也营造了市民休闲娱乐的公共场所（图3-63）。

3）新区道路尺度适宜，塑造了较为宜人的街道空间（图3-64）。

图 3-62　河庄坪镇风貌

图 3-63　河庄坪镇节点空间风貌

图 3-64　河庄坪镇新区街道空间风貌

四、陕南城镇公共空间风貌特色引导

（一）引导要点

陕南地区气候湿润，水系较多，在这样的气候特征下，形成了融合山水景观的城镇公共空间。陕南地区小城镇公共空间塑造应当与陕南山水相结合，依托陕南古镇旅游品牌，推进小城镇全面发展，促进公共空间风貌营造，凸显多元丰富的文化底蕴。着重突出以下几点：

（1）注重与秦巴山脉和汉江、丹江等山水环境相融合。尊重自然地形和气候条件，公共空间布局可顺应地势，并联通外围山水环境，塑造融合陕南地貌特征的公共空间。

（2）传承陕南历史文化，突出山水文化特色。提炼融合陕南地域文化符号，在整体建筑布局中提取陕南民居和村庄自由有序的布局肌理，在单体建筑设计中可提取黑瓦、白墙等形态符号，在环境装饰设计中可提取陕南山水文化、三国文化等文化符号并加以变异和应用。

（3）现代风貌的公共空间可运用现代建造材料和技术，通过现代建筑语言体现具有陕南气质的现代公共空间风貌特色。

（二）分类案例

1. 传统型城镇公共空间风貌特色引导

（1）勉县诸葛古镇

诸葛古镇（图3-65）位于勉县西部，是以三国文化为主题的特色旅游小镇。古镇随处可见草船借箭、火烧赤壁等三国文化典故。古色古香的城楼建筑，展开了一幅生动的三国风情画卷。其具有以下特点：

1）结合地方独特的历史文化，塑造了众多的具有文化气息的公共空间，例如小镇内的一些广场将公共空间与历史故事相合，使公共空间的文化属性处处可见（图3-66）。

2）景观塑造提升了空间的丰富性。小镇在公共空间的塑造上充分发挥陕南植物种类多样、景观效果丰富的优势，增加了空间的“亲和”感（图3-67）。

图 3-65　诸葛古镇

图 3-66　诸葛古镇空间肌理

图 3-67　古镇亲水空间

图3-68　古镇节点空间

3）色彩选择符合整体风貌。按照三国时期的特色打造景观风貌，色彩的选择尽力符合历史风貌，营造了丰富的历史文化氛围（图3-68）。

（2）安康市石泉县老街

石泉老街位于石泉县城南部，全长1千米，历史上曾经是商贾云集、繁荣富裕的商贸一条街。以明清时的建筑风貌为主。其在空间风貌特色塑造上主要有以下特点：

1）空间布局方面，与自然山体、古楼建立联系，形成对景效果，引导游览视线（图3-69）。

图 3-69　古楼形成的对景

图 3-70　青砖灰瓦、飞檐吊角等统一的建筑元素

2）按照修旧如旧、重现历史的原则，利用仿古建筑的修复手法，塑造一条仿古商业休闲步行街。

3）沿街以青砖灰瓦、飞檐吊角的门面小楼元素统一建筑风格突出明代建筑特点，与东西城门、禹王宫等古建筑相映交辉，浑然一体（图3-70）。

4）利用彩灯妆点老街，形成独具特色的人文景观，使老街别具一番风味，吸引游客们驻足、留恋（图3-71）。

图 3-71　街道空间夜景

2. 商洛市洛南县花溪弄

花溪弄位于有汉字故里之称的洛南县。距离西安市区108公里，处于西安1小时都市旅游圈，是以水文化和汉字文化为主题的特色休闲空间。其空间风貌塑造具有以下特点：

1）以陕南水文化为主题，结合陕南传统街巷空间特色，点缀荷花、睡莲等水生植物，塑造西北江南的水景印象（图3-72）；

2）街巷空间、建筑风貌、小品景观等的塑造结合商洛传统空间特色和民俗文化符号；

3）融合天街静板书、文曲阁学业祈福、特色民宿客栈等形成特色文化活动（图3-73）。

3. 融合型城镇公共空间风貌特色引导

（1）商洛洛南音乐小镇

洛南音乐小镇（图3-74）项目位于洛南县西南，紧邻307省道。项目占地一平方公里，以音乐为主题，打造音乐工厂、音乐风情商贸街等音乐主题空间。其主要特色有以下几点：

图 3-72 水文化主题小品

图 3-73 花溪弄夜景

图 3-74　音乐小镇总体鸟瞰

1）采用石板、红砖等当地建筑材料进行建造，采用白色、灰色等色彩，体现地域特色（图3-75）。

2）与周边田园和山水环境相融合，运用自由式街巷布局手法，体现地域历史文化风貌特征（图3-76）。

3）在夜景塑造、小品景观营造等方面融入音乐符号，体现音乐主题（图3-77、图3-78）。

4. 现代型城镇公共空间风貌特色引导

（1）洋县朱鹮梨园

洋县朱鹮梨园景区位于县城以北牛头山山麓，依山而建，由朱鹮梨园、朱鹮生态园和现代农业观光园组成，占地387公顷。景区内现代园艺浑然天成、万亩梨园连方成片、国宝朱鹮自由翱翔、洋州人文任意挥洒，

图 3-75　音乐工厂

图 3-76　风情商贸街风貌

图 3-77 露天音乐广场

图 3-78 音乐元素景观小品

现代农业盎然生机，民俗风情、历史典故一一呈现，一片人与自然和谐相处的田园景象。其在空间风貌特色塑造上主要有以下特点：

1）朱鹮梨园依山而建，通过错落有致的空间设计营造了优美的景观环境。

2）入口广场作为门户空间，在其标志柱上设计朱鹮雕塑小品（图3-79），具有较好的展示作用。

3）入口处设计大台阶过渡高差（图3-80）。

4）景观小品的设计增加了空间的趣味性（图3-81、图3-82）。

（2）商南文化广场

商洛商南文化广场地处塘坝新区的西南部，西临县河，南邻312国道，东、北与陕沪高速支线接壤，总面积7万平方米（图3-83）。从正门进入

图 3-79　朱鹮梨园入口广场

图 3-80 朱鹮梨园入口大台阶

图 3-81 景观小品

图 3-82　朱鹮梨园门户标志

图 3-83　商南文化广场整体风貌

场内迎面是“商南文化广场”雕塑，背面是广场志略。两旁有12尊浮雕石柱，展示奇山秀水，人文景观，尽显商南生态之旅，旅游强县风采。其在空间风貌特色塑造上主要有以下特点：

1）开敞的广场空间成为市民的一个休闲游憩的场所，对于城市风貌的塑造起到关键作用。

2）广场主题雕塑的造型设计源于茶叶（图3-84）。茶作为商南主要作物之一，具有很强的代表性。该雕塑的设计很好地表达了商南的地区文化及特点，塑造了颇具特色的空间风貌。

3）广场上放置篆刻主题的石雕，石雕反面刻有广场志略（图3-85）。凸显地区文化、展示商南特色。

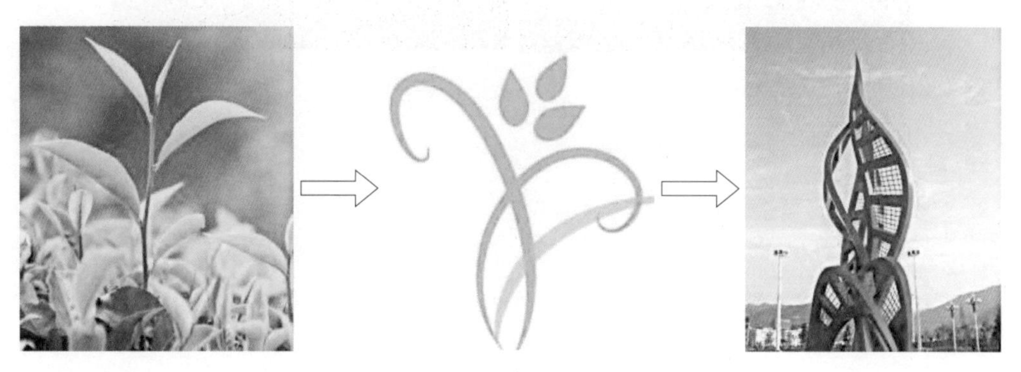

图 3-84　广场主题雕塑提取了茶叶元素

图 3-85　篆刻有广场名字的石雕

4）灯光对于广场景观展示具有重要作用，在灯光的衬托下，建筑与小品的层次感更加丰富（图3-86）。

图 3-86　广场夜景及主题雕塑

第四章

乡村公共空间风貌特色引导

一、乡村公共空间特征及风貌特色引导总则

乡村地域空间范围较小，公共空间类型相对单一，并不一定像城市与镇一样有着明确的公共中心区域，其公共空间主要包括巷道、管理、活动、祭祀、学校及医疗等空间，尺度一般较小。针对单一对象展开的研究一方面难以全面认识公共空间的营建特色，另一方面也会形成繁杂叠合的案例表述。因而在对乡村公共空间风貌特色引导中，本研究选取乡村整体作为对象，对其公共空间进行特色阐述。此外，以主题公园形式建设的乡村田园景观也有所涉及。

作为地域文化的重要载体，在乡村公共空间风貌特色营建中，应着重关注以下几方面：

（1）挖掘和延续乡村人居环境特有的风土文化及其空间表征要素，以区别于市镇的乡村空间特质为价值内核，统领乡村公共空间风貌特色的营建。

（2）注重与乡村公共生活的内容和形式的协调统一，结合实际生活习惯与行为模式，通过公共空间设计对活动进行适当引导。

（3）强化以现有环境为基础的积极改造与整治，避免形象工程，尽量以地域材料、传统工艺、近人尺度等途径和手法，营造具有乡土意韵的公共空间。

（4）与乡村所在的原生自然环境取得和谐，尤其注重与生态本底和地形地貌相契合，运用符合乡村地域特点的场地设计手法，将地域性与生态性相结合。

（5）结合乡村振兴与美丽乡村建设，与现代社会生活需求相衔接，公共空间营建要与新功能、新业态、新技术、新材料等方面的发展相适应。

本章结合目前陕西省内已建成及形成规划设计的乡村公共空间，从关中、陕北、陕南三大区域中分别选取传统型、融合型及现代型的代表性案例，分别对其风貌特色进行解析（表4-1及图4-1）。

陕西省乡村公共空间风貌特色引导分类案例一览表　表4-1

	传统型	融合型	现代型
关中	白鹿原民俗文化村（西安蓝田） 马嵬驿民俗文化村（咸阳兴平） 袁家村（咸阳礼泉）	畅家村（渭南大荔） 富平陶艺村（渭南富平） 玉门村（铜川耀州区） 永生村（宝鸡凤县）	马咀村（铜川） 黄土地生态园（咸阳永寿）
陕北	梁家河村（延安延川） 杨家沟村（榆林米脂） 赤牛坬村（榆林佳县）	高西沟村（榆林米脂） 袁家沟村（榆林清涧） 万花山乡（延安宝塔区）	黄家圪崂村（榆林榆阳区） 卧虎湾村孝文化展馆（榆林子洲） 王家堡村路遥纪念馆（榆林清涧）
陕南	棣花古镇（商洛丹凤） 鲁家民俗村（安康汉滨区）	万湾村（商洛丹凤） 朱家湾村（商洛柞水） 陈村（汉中大河坎区）	龙头村（安康平利） 前店子村（商洛山阳） 乡村旅游重要节点改造示范（汉中大河坎区）

二、关中乡村公共空间风貌特色引导

（一）引导要点

结合关中乡村人居环境特色，在公共空间风貌特色塑造引导中，在遵循上述乡村营建总体原则基础上，突出关中人居环境的传统营建思想，传承和凸显乡村环境营造智慧。具体如下：

（1）传统礼制文化对乡村空间秩序的影响。在乡土社会中，数千年沉积下来的传统礼制文化与村落营建体系有着十分默契的对应关系，体现在村落营建的方方面面。村落往往以宗祠为核心形成内聚型结构，以宗祠为代表的

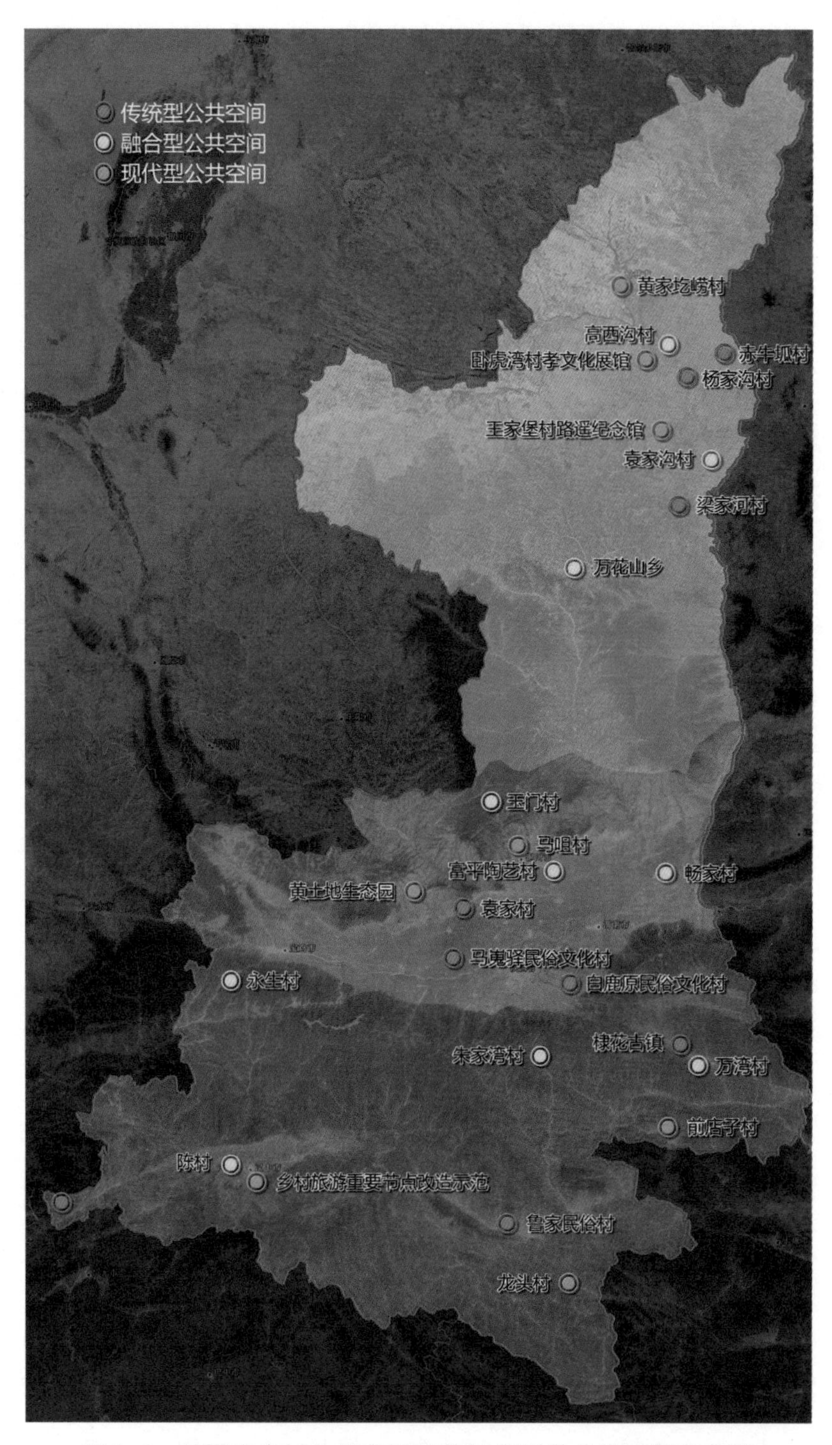

图4-1　陕西省乡村公共空间风貌特色引导分类案例分布图

公共空间不仅是日常生活中心，更是村落文脉的核心空间载体与外化。

（2）关中乡村营建空间特色鲜明，在空间组织方式、建筑院落构成、屋面形式特征、门楼细节装饰等方面都有丰富的历史素材。应该注重符号提炼，在公共空间营建中应用。

（3）关中地区自然条件优越，土地肥沃，村落处于青山绿水大环境中，人工和自然之间的边界较为模糊，村落内花草树木繁盛，外部田园广袤，形成了乡村人居与自然环境相得益彰的特色景观。

（二）分类案例

关中地区乡村公共空间总体呈现古朴厚重的风貌特色。不同形式的公共空间通过对传统符号的演绎变化，呈现出多元化风格。以下针对三种类型选取典型案例具体阐述。

1. 传统型乡村公共空间风貌特色引导

（1）西安市蓝田县白鹿原民俗文化村

白鹿原民俗文化村位于西安市蓝田县滨河西路，总占地1200亩，文化村依白鹿原地势而建，南望秦岭、东临灞河，村内保留了自然森林公园形态，是集生态旅游、休闲度假、民俗体验等功能于一体的乡村旅游区。在空间营建中形成以下几方面特色：

1）因形就势。乡村整体融入白鹿原山形地势之中，村内绿树成荫、溪水潺潺，杨、槐、榆、松、桑、柿、杏、桃、皂角、樱桃、核桃等树木参天林立，自然成荫（图4-2）。

2）对空间进行主题性划分，形成四大特色板块：白鹿原民俗文化体验区、万乐山主题商业区、白鹿原欢乐农场区、养心谷度假酒店区，将

图4-2　隐于自然、因形就势的乡村整体环境

文化彰显与社会经济充分结合发挥效应。

3）传承地域民俗文化，活化文化资源，通过传统建筑、美食特产、传统技艺表演、308间民居精舍、幽然曲折的关中古街、青砖灰瓦的民居小院、门神、石碾、拴马桩等形式呈现原汁原味的关中文化（图4-3～图4-5）。

4）柔化空间景观，依托周边水系环境建设3800米清泉渠景，源头活水汩汩地淌出地面，蜿蜒在民俗村中，时而涓细成注，时而阔聚成池，静听泉音，细看清流。通过传统文化中叠山理水的手法，充分展示山水人居的空间意境（图4-6）。

（2）咸阳市兴平市马嵬驿民俗文化村

马嵬驿民俗文化村东距西安市区约60公里，是近年来依托杨贵妃墓新建的文化旅游型村落，其空间营造主要有以下特色：

图4-3　传统民居建筑群形成错落有致的街巷空间及高低起伏的天际线

图4-4　青砖灰瓦的民居小院建筑群

图4-5 砖、木、石材、生土、竹、草等材料彰显乡土文化气息

图4-6　蜿蜒曲折的水系景观活跃空间景观氛围

1）以大地田园为背景，融入田园自然环境，形成田村一体的总体空间景象（图4-7）。

2）因形就势，立体营建。结合基址原有民居，充分利用地形高差起伏，形成错落有致、复合立体的空间景观。

3）将民俗文化、唐文化通过演艺、建筑、道路、小品、景观雕塑等予以映现，营造乡土气息浓郁的景观氛围（图4-8、图4-9）。

4）注重界面的多元变化及天际轮廓线的起伏连续以及转折空间的标识提示与空间放大处理，设置视觉焦点与休憩设施（图4-10）。

5）通过民俗色彩与灰、土黄主题色调形成强烈对比，活跃空间氛围（图4-11）。

图4-7　田村一体、融入自然的整体营建理念

图4-8　设置民俗演艺活动的直观化感受场所

图4-9　生土、石材、竹木、灰砖、坡顶共同构筑的乡土建筑风貌

图4-10　转折空间的门楼提示及空间放大处理措施

图4-11 通过红黄灰色彩的强烈对比活跃空间氛围

6）以水系调节气候环境，同时作为水景与建筑虚实相映。

7）设置眺望郊野的观景平台与公共活动广场（图4-12）。

图4-12　村庄边缘区域设置眺望田园环境的活动广场与观景平台

（3）咸阳市礼泉县袁家村

袁家村位于关中平原腹地，以关中民俗文化为主题，建设集关中民俗文化体验、文化艺术博览、休闲度假为一体的中国乡村民俗旅游文化高地，将乡村发展与文化传承有机融合，将乡村整体作为公共空间进行塑造（图4-13）。

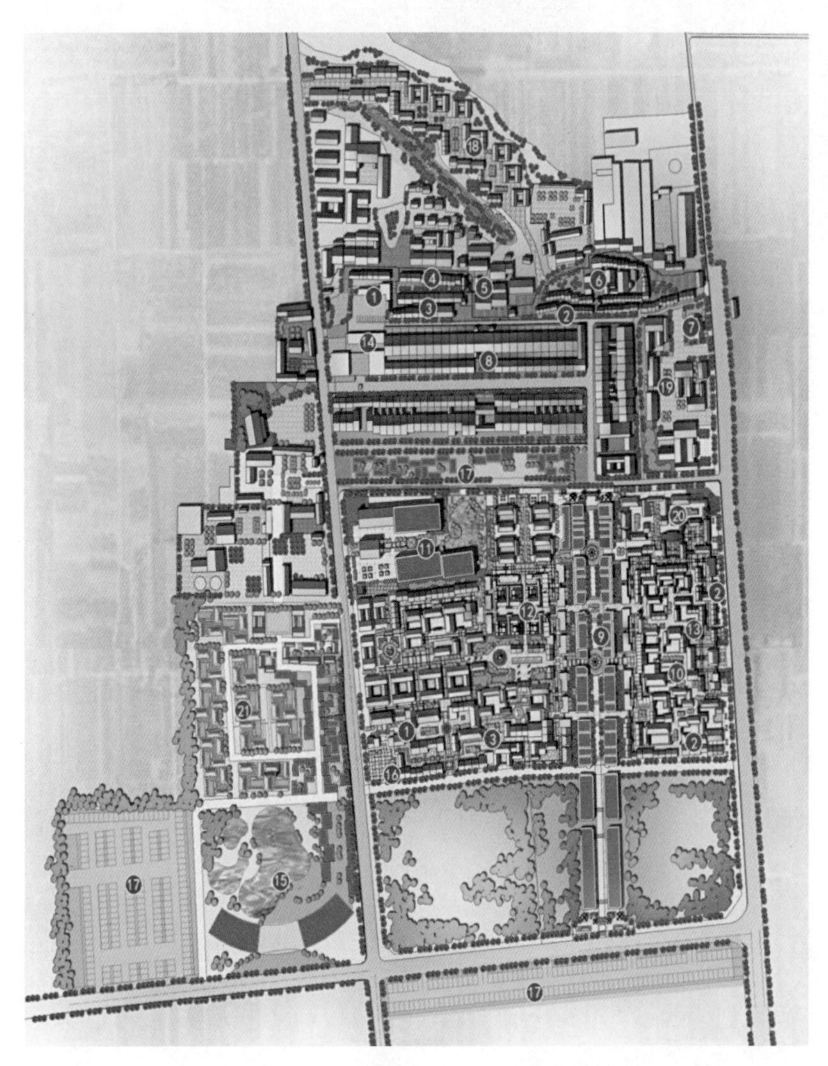

图例

❶ 游客服务中心
❷ 小吃街
❸ 作坊街
❹ 酒吧街
❺ 左右客
❻ 生活客栈
❼ 浪漫满屋
❽ 农家乐
❾ 关中古镇
❿ 七十二街坊
⓫ 秦琼酒店
⓬ 院落酒店
⓭ 艺术博览
⓮ 村委会
⓯ 温泉酒店
⓰ 民俗广场
⓱ 停车场
⓲ 南货商业街
⓳ 清真美食坊
⓴ 袁家坊
㉑ 产权式度假酒店

图4-13 总体空间布局

图4-14　乡土特色突出的入口区空间

作为关中乡村营建的典范，袁家村很好地阐释了乡村空间与旅游发展、民俗展示及文化传承之间的互融共生关系。建设“关中灶台”，活化展现关中平原乡土文化，传承乡愁记忆。

1）围绕祭祀空间展开公共空间的组织，在主街巷入口区域及内部开阔的中心区域均设置有祭祀空间，作为乡村文化精神的核心承载区（图4-14）。

2）以“围而不合、通而不畅”的理念塑造街巷空间。通过起承转合的组织手法，丰富公共空间的行走体验与视觉景观效果，街巷内多以青石、木材、生土、灰砖等材质为主，营造乡土气息（图4-15）。

3）体现人文关怀与以人为本的理念。街巷尺度较为亲切宜人，两侧建筑基本为1～2层，另外街巷内结合树池设置休憩设施，通过建筑组合

图4–15 “围而不合、通而不畅”的街巷空间

形成街道的开合关系（图4–16）。

4）注重水平界面的进退关系及天际线的高低变化，增加空间的趣味性（图4–17）。

5）引水入街，柔化内部景观氛围，通过明沟将外部水系与街巷环境融合，既增加内部景观多元性，又调节街巷内空气湿度。

6）两侧建筑以传统的坡屋顶形式为主，加以灰砖墙面和深褐色木质门窗，整体色彩以土黄、青灰为主，点缀朱红色，呈现典型的关中民居建筑风格（图4–18）。

7）注重街巷转折空间的视觉对景效果，在街巷转折区域均设置门楼、构筑物等凸显性标志作为视觉焦点（图4–19）。

图4-16　尺度适宜的街巷休憩空间

图4-17　丰富多变的街巷界面空间

图4-18　围合街巷的关中传统民居建筑

图4-19　街巷空间的视觉对景

图4-20 调节街巷严整空间氛围的水系绿化景观

8）硬质景观与软质环境结合。为便于通行，街巷内多为硬质铺装，辅以小品与树池点缀，在相对开阔区域，则通过集中绿化进行软质环境营造，以体现“刚柔并济、虚实相生”的手法（图4-20）。

9）环境设计、街巷布局尽量结合地形起伏，因形就势，通过条石台阶与沿街住户相连（图4-21）。

10）在景观小品设计中，以农具、拴马桩、石槽、石碾等元素作为体现乡土环境的元素，增添民俗文化氛围（图4-22）。

2. 融合型乡村公共空间风貌特色引导

（1）渭南市大荔县畅家村

畅家村位于渭南市大荔县县城东约5公里处，建于明洪武年间，距今已有700多年历史。近年来，通过美丽乡村建设行动，畅家村形成了独具特色的乡村景观风貌。

图4-21　街巷空间结合地形环境起伏变化

图4-22　体现乡土文化气息的小品景观环境设施

1）以农业主题公园形式，将农业生产与体验农业及观光农业相结合，既塑造特色农业景观，也形成乡村旅游观光景点（图4-23）。

图4-23 农业生产与旅游观光体验相结合的乡村农业公园

2）美化道路景观，建设长1500米、宽18米的“美丽乡村景观大道”，入口处设置牌坊作为空间提示（图4-24）。

3）修建占地30亩的休闲公园，将过去废弃的涝池改造成水面景观，为村民提供休憩交往空间（图4-25），公园内采用地域树种与移种的季相树种相结合的配置方式，景观设施采用乡土材料营建。

4）建设占地1500平方米的村史馆，展示村庄先辈的生活及精神状态。畅家村演变史、村庄发展大事记等，成为忆古思今、自我教育、凝心励志的“精神文明家园”（图4-26）。

图4-24　进村景观路与牌楼

图4-25　乡村休闲公园及利用涝池改造的景观水系

图4-26 乡土气息浓郁的村史馆入口广场

5）建设文化风情体验街，采用地域下沉窑洞形式建设立体化街区，在色彩上主要以青灰、土黄为主，既传承地域特色，也活跃环境氛围（图4-27）。

图4-27 下沉式窑洞街区与传统建筑风貌

6）公共建筑与小品设施在材料上多采用体现地域特色的传统要素，尤其在景观小品设计上以石磨、农耕车等作为景观小品，营造乡土气息，彰显地域文化（图4-28）。

图4-28 乡土材料建造的景观设施及具有吉祥象征意义的景观设施

（2）渭南市富平陶艺村

陶艺村位于富平县城以北，是国内首家以陶艺为主题，集生态观光、休闲度假、餐饮住宿、参观购物为一体的陶文化交流中心。在空间建设中充分运用“陶”文化主题，形成丰富多彩的空间风貌景象：

1）村落融入大地田园环境，空间整体灵动舒展，自由曲线与方正规整相结合，既突出陶质的硬朗，也体现陶艺的灵巧（4-29）。

2）建筑运用红砖与陶土形成材质与色彩上的呼应，同时将烧窑的文化符号在建筑开窗方面予以运用，传承“陶”文化（图4-30、图4-31）。

（3）铜川市耀州区玉门村

玉门村位于铜川市耀州区北部山区，森林覆盖率达85%，是沮河发源地，这里山峰奇峻、沟谷优美、树木参天，夏无酷暑、冬无严寒。近年

图4-29　舒展与紧凑相结合的布局

图4-30　从材质、建筑符号上呼应陶文化主题的建筑风貌

图4-31　运用陶、石、砖、碎石建造小品景观设施

来，随着照金、香山红色旅游环线的开通，玉门村依托丰富的沮河资源、秀丽的自然风光，大力发展生态旅游产业，建设渭北“小江南”。

1）尊重自然环境，村庄建设走生态旅游发展道路，发展生态观光，开发建设小香山、龙泉瀑布、莲花洞、多玉洞等自然景观（图4-32）。

2）空间划片建设，分区塑造风貌。形成包括绿林游乐园、精品花卉种植园、绿道驿站及餐饮服务中心、文化站及文化广场、幼儿园、农贸市场等功能于一体的特色公共空间群（图4-33、图4-34）。

3）利用水资源优势建设水上乐园，改造玉门民宅，发展民俗旅游，推广野生中药材的食用，吸引老年游，开展农家乐亲身体验游，种植蔬菜、枣树、梨树、樱桃等，形成承载多种活动的复合公共景观（图4-35、图4-36），最终呈现出依山傍水、草木葱茏、荷叶繁密、绿树成荫的渭北水乡画面。

图4-32 山水生态环境

图4-33 主题游憩功能中心

图4-34　乡村休闲公园

图4-35　园林式综合服务中心

图4-36 乡村水上休闲娱乐区

（4）宝鸡市凤县永生村

永生村位于凤县红花铺镇东北部“秦岭花谷”的重要节点上，村庄四面环山、细水长流，地形呈“八瓣莲花”之状。村内植被覆盖率高，负氧离子丰富，环境清静优雅，地下水呈弱碱性，含有多种有益矿物质，村中80岁以上长寿老人较多，是名副其实的养生福地。

近年来，永生村以“山水风情、乡村味道”为理念，以环境卫生综合整治为突破点，全力推进美丽乡村建设，初步建成家园美、生活美、环境美、人文美的美丽乡村新风貌。作为七彩凤县、体验乡村的重要承载地，永生村公共空间风貌主要有以下特色：

1）将山水环境及田园环境“景观化”。在乡村建设中，通过对周边山水环境的整治、田园景观的塑造，形成供村民及游客活动的山水与农业主题公园（图4–37、图4–38）。

图4–37　山水生态环境的公园化建设与景观化塑造

图4–38　以供体验活动的田园环境景观化建设

2）文化主题化展示。将永生村的“长寿”特色通过活动参与、景观主题雕塑等手法予以空间映现（图4–39）。

3）建筑风格以传统民居为主，粉墙黛瓦、马头墙等与山水环境相映生辉。

4）地面铺装、水系护坡、景观设施多采用石材、木材等山区特有材质进行建设，既融入自然环境，也体现乡土特色（图4–40）。

图4-39　景观环境

图4-40　地域材质在空间景观中的运用

3. 现代型乡村公共空间风貌特色引导

（1）铜川马咀村

马咀村位于铜川市石柱镇，毗邻锦阳湖国家水利风景区，是天然氧吧。近年来，利用自身生态环境与区位优势，集中开展田园休闲、亲子体验、婚礼拍摄、涂鸦文化、8D影院等多元活动，主要特色有以下几方面：

1）乡村融入自然生态环境，用现代主题艺术激活乡村发展，以多元化建筑风格进行景观风貌塑造，形成五彩斑斓的空间景观。整个乡村犹如置于绿色大背景下的多彩调色板，处处体现现代农村的活力景象（图4-41）。

2）建筑外墙与围墙均采用涂鸦形式予以景观化装饰，进而将涂鸦文化及亲子体验主题进行实体化展现（图4-42）。

3）环境小品设施与现代艺术主题相结合，塑造出欧式田园氛围浓郁的外部公共空间景观（图4-42）。

图4-41　融入绿色大自然背景的多彩村庄景观风貌

图4-42　体现现代艺术主题的景观环境

图4-43　婚礼、科技、农业主题公园

4）对绿化环境进行主题化分区，适合不同人群活动需求（图4-43）。

5）建筑与街道空间连接区域设置休憩空间与设施。注重人的参与体验性，设置供游客参与的艺术馆、涂鸦街等功能区（图4-44）。

图4-44　融入现代科技元素的参与体验空间

（2）咸阳市永寿县黄土地生态园

黄土地绿色生态风情园位于永寿县城北3公里处，园内有千年永寿神泉、300余亩泉水湖面、百年古柿子树、白垩纪峡谷沟壑以及供游人采摘的万亩果园。近年来，在旅游发展带动下，黄土地生态园充分结合地域生态环境与文化特色，开发建设综合绿色生态园，在空间风貌塑造中有以下几方面特色：

1）多景观复合化建设。充分整合周边山、水、黄土、文化、植被、艺术等景观元素，建设集高原地景、神泉水景、活水雕塑、印象黄土地、佛教景观、槐林景观、运动景观等多达二十四处主题景观为一体的公共空间群落，全方位展示地域文化特色（图4-45～图4-47）。

2）根据实地测绘并利用较成熟的综合科技，对传统的下沉式窑洞重新改造，使之不再是“简单的住所”，而是均衡建筑与自然环境的有机融合——可呼吸的生命建筑。改良后的下沉式窑洞结合风能、太阳能、生物质能及水利用系统、反射补光系统、自然空调系统等综合科技，扫除传统窑洞弊端，创造出一个可呼吸、自循环、完全绿色、自给自足的地下生态建筑，充分体现了“零地、零能、零排放”生态思想。

3）以特有的千年下沉式窑洞居住形式为特色，通过建筑符号、色彩、材质的运用，既体现传统建筑的文化，也顺应时代发展的审美需求，塑

图4-45 槐林景观漫山遍野

图4-46　休闲庄园景观

图4-47　乡土及窑洞建筑景观

图4-48 下沉式特色窑洞建筑群

图4-49 融入黄土地的现代窑洞新建筑风貌

造与时偕行的复合建筑景观群，“变静为动”地展现华夏文明及西北黄土民俗风情（图4-48、图4-49）。

4）运用乡土文化中的石碾石磨、土块作为景观塑造的材料，同时加入石材、鹅卵石等新建筑材料，共筑乡土景观新形式（图4-50）。

图4-50　现代材料与乡土传统材料混合的铺装形式

三、陕北乡村公共空间风貌特色引导

（一）引导要点

陕北是一个带有浓重的边塞游牧文化底色的区域，同时承载厚重的传统农耕文明，加上特殊的黄土地貌与自然气候，乡村聚落生态等是凸显陕北公共空间营造特色的重要方面：

（1）顺应地貌、依附地形的错落空间布局。陕北黄土高原是世界范围内的独特地貌，受其影响的乡村聚落多楔入山体、依山就势，在高低变化中营造出层次丰富的空间效果。公共空间营造也应紧密结合地貌，借地貌环境塑造起伏变化的外部空间。

（2）发挥乡村优势，创新性继承陕北独特的窑洞空间智慧。将材质、符号、形制、装饰等特色窑洞建筑语言，通过原汁原味的继承、现代化的演绎等方式体现在乡村公共空间营造当中，既是对独特建造技艺的彰显，也是对地域文化的自信。

（3）挖掘和利用黄土聚落营造中的生态特性。在公共空间建设中，充分了解和利用生土材料、传统工艺，发挥地方建筑智慧中的生态环保理念。同时在户外景观配置中，以地方气候、雨水条件等为导向，选择松柏、旱柳、枣树等乡土适生植物。

（二）分类案例

陕北地区乡村公共空间风貌总体呈现淳朴热烈的景象。传统型公共空间在建筑风貌上侧重修旧如旧，同时多以生土、石材、木材等传统建造材料和工艺还原传统特色。融合型公共空间将传统窑洞形式进行转化，通过建筑符号的传承、与山体高差结合的手法、新型建筑材料的运用等，呈现出与传统建筑风貌、空间格局、街巷肌理相协调的公共空间。现代型公共空间在建筑形式、景观构筑物、装饰小品等方面仍能隐约看到黄土窑洞传统符号，但整体风格简约，形成具有现代意韵的新式陕北乡土空间风貌。

1. 传统型乡村公共空间风貌特色引导

（1）延安文安驿梁家河村

梁家河村位于延安市延川县，坐落于典型的黄土高原沟壑区，通过对知青文化的挖掘，建设以“艰苦奋斗、自力更生”为主题的知青文化主题旅游区。目前已形成居住集中化、环境生态化、管理社区化、设施城镇化的新型农村示范社区。梁家河村公共空间环境特色显著，主要体现在以下几方面：

1）适应黄土地域环境与自然条件，注重对黄土生态环境的保护，以简洁朴素的理念营造出“因形就势、随形而变”的空间形态特色。

2）尊重历史环境，秉承“修旧如旧、再现原貌”的原则，修缮窑洞建筑群，注入新的展示功能（图4-51）。

图4-51　修旧如旧的窑洞建筑群

图4-52　依山而建的文化展览馆

3）建筑群主体遵循“依山向阳、择地而建”的传统营造思想，主要建筑及通行道路均位于山体南坡，以窑洞建筑风貌作为主体风格（图4-52）。

4）采用石材、黄土、木材等材料进行道路铺装、围护、标识、休憩等设施的建设，充分体现对地域原生态自然的尊重与文化内涵的传承（图4-53）。

5）以墙体绘画、农业生产设施为装饰来活跃空间氛围，同时传达浓浓的乡土气息（图4-54）。

（2）榆林米脂县杨家沟村

杨家沟地处黄土沟壑谷地，两面山坡梯田层层，是集传统文化、红色文化和黄土文化于一体的典型黄土高原村落，具体特征如下：

图4-53　采用石材、黄土、木材等材料进行道路铺装与围护设施的建设

图4-54　通过民俗绘画、地域原生材料彰显乡土文化气息

图4-55　因山而建的传统村落

1）遵循地形环境特征及村寨营建基础，整体上顺山应势进行建设，保护传统庄园风貌格局，营造出村落与山体地貌浑然一体的特色景观风貌（图4-55）。

2）尊重自然生态环境，场地以地域石材铺装为主，绿化环境主要为补植形式，与干燥缺水的自然环境相适应（图4-56）。

3）在乡村公共空间风貌特色塑造中，以黄土窑洞建筑为主要风格，建筑材料选取当地原生材料，如石材、生土及木材，色彩以土黄色为主，以传统窑洞四合院形式组织空间（图4-57）。

4）多元文化融合设计。杨家沟村公共空间充分挖掘红色文化、黄土文化、庄园文化，并进行有机融合，将文化特色通过功能设置、建筑风貌、景观环境等予以呈现。设置转战陕北革命纪念馆、毛主席故居纪念馆等彰显红色精神与黄土庄园的景观特色（图4-58、图4-59）。

图4-56　与黄土地域气候条件相适应的公共空间内外场地环境

图4-57　地域性材质表达的风貌特色

图4-58　通过建筑风格、主题功能、景观设施将红色、民俗与黄土文化有机融合

图4-59　通过嵌入山体的窑洞四合院将多元文化与地域环境融合于一体

（3）榆林佳县赤牛坬村

赤牛坬村位于榆林市佳县城南50公里处的崇山峻岭之中，是陕北民歌故乡、民间艺术的渊薮。近年来通过美丽乡村建设，赤牛坬村成为独具特色的陕北民俗文化村，灰墙、鹅黄门窗、枣红墙头、文化小品、乡土环境等共同构筑起清新自然、乡愁氛围浓郁的美丽宜居村庄风貌，其中公共空间风貌形成了如下几方面特色：

1）遵循陕北地区传统依山而建、顺应自然的建设理念，形成错落有致的乡村整体空间形态，建筑均位于山体南坡（图4-60）。

2）借助自然高起的地势修建景观亭，作为空间的视觉焦点。

3）建筑以窑洞为原型，生土、灰砖及石材为主料，营建地域特色浓郁的窑洞建筑群，建筑色彩以土黄色为主（图4-61）。

图4-60　依山而建、错落有致的村落空间形态

图4-61　与地域环境相融合的新建窑洞建筑群

图4-62　充满乡村生活与乡土文化氛围的景观小品设施

4）景观小品以充满农业生产特色的农具、农作物及民俗文化符号的雕塑为主，充分体现乡土文化气息（图4-62）。

5）注重乡村精神空间的重要性，公共活动围绕中心广场、祭祀空间开展（图4-63）。

6）增设承载公共文化活动的功能空间与设施，体现乡村的人性化关怀，通过小型水面调节气候环境（图4-64）。

图4-63 乡村精神生活空间——中心广场及村庙

图4-64　乡村边缘设置蓄水池调节气候环境

7）通过红色与土黄色的对比活跃空间环境氛围（图4-65）。

2. 融合型乡村公共空间风貌特色引导

（1）榆林高西沟村

高西沟村位于典型的黄土高原丘陵沟壑区，是全国农业旅游示范点，近年来主要发展乡村民俗与生态农业休闲旅游，建立了高西沟休闲农业示范区，塑造出独具特色的黄土高原沟壑区空间景象，其公共空间建设上主要有以下特色：

1）结合自然与人文环境特征，通过对山、沟、坡的综合治理，打造出与黄土地貌环境相融合的“黄土绿田、山青水绿、村隐绿海”的陕北

图4-65 通过红与黄强烈的色彩对比活泼空间氛围

图4-66 通过生态治理塑造与黄土地貌形态相契合的田园景观风貌

生态型乡村新风貌，将村庄周边黄土坡建设为乡村郊野生态农田与游园，并注重季节变化的季相景观塑造（图4-66）。

图4-67　淤地坝形成水上公共活动游览区

2）通过淤地坝形成生态蓄水，建设乡村游览公园，既调节气候环境，同时也为村民及游客提供公共活动游览场所（图4-67）。

3）建设文化展览馆，记叙乡村发展历史，传承乡村文化的同时，为村民提供公共活动场所。对传统窑洞形式进行转化，保留窑洞建筑符号，继承窑洞与山体的结合关系，采用青石材形成现代建筑新风貌（图4-68）。

4）提取陕北民俗装饰如剪纸等的红色元素，形成色彩醒目的雕塑小品，形成与黄土及绿色空间强烈对比的景观效果（图4-69）。

图4-68　传承窑洞文化特色的新建筑

图4-69　高原红——高西沟标志性雕塑景观

图4-70 袁家沟雪景

（2）榆林清涧袁家沟村

袁家沟位于清涧县城东60多公里区域，区内沟壑纵横，一道南北走向的山梁横卧村中，是运用传统风水择地营建的典型村落。1936年春天，毛主席在这里创作了气壮山河、脍炙人口的《沁园春·雪》（图4-70）。

近年来，袁家沟结合乡村旅游发展，充分挖掘红色文化与黄土文化，建设了独特的乡村人居空间环境景观，在公共空间建设中，主要有以下几方面特色：

1）整体风貌上秉承传统村落的营建思想，依山傍河，顺应地形环境，建筑向阳而建（图4-71）。

2）将记载有历史信息的民居建筑进行功能置换，形成展示文化与提供公共活动的展览场所（图4-72）。

3）村内道路转折区域开辟公共活动广场，形成舒展的空间，设置景观文化墙展示历史文化信息，设置树凳作为休憩场地（图4-73）。

图4-71　顺应地形环境的乡村整体风貌景观

图4-72　整修如故的袁家沟毛主席纪念馆

图4-73　展示历史文化场景的公共活动广场

4）滨水及坡地区域运用石材建设河堤与护坡，形成硬质绿化景观的同时保持水土，减少水体及雨水对黄土与山坡的冲刷（图4-74）。

（3）延安市宝塔区万花山乡

万花山位于陕西省延安市城区西南方杜甫川，距市区20公里。近年来，围绕自身的自然生态环境和独特的文化魅力，万花山乡坚持“不破坏山水风貌”的前提下，按照“宜散则散、宜聚则聚”的原则，改善乡村基础和公共服务条件，建设宜居生活环境，在空间特色塑造中形成以下几方面创新探索：

1）坚持“自然、生态、田园”的发展理念，不砍树、不推山、不填水，在保留其原始风貌的前提下，按照农家原有的建筑风格，整修房屋、美

图4-74　石材与绿化相结合的护坡

化庭院、畅通道路、美化环境，保护溪流、山泉、河水，凸显“绿水绕村、青山辉映”的魅力（图4-75）。

图4-75 绿水绕村与青山辉映的整体景观风貌

2）以“传统+时尚”、尊重自然生态脉络的理念，塑造“山山皆秋色，树树惟落晖”的整体景象，目之所及，层林尽染，窑洞散落于田园环境之中，构成一幅壮阔大气的山村秋色画卷（图4-76）。

3）依托万花山景区，突出“万花”主题，将主要道路着力打造成四季常青、三季有花的生态景观廊道。

4）“软实力+硬打造”，守住文化灵魂。在佛道坪村生态休闲园内，群山绿树环抱之中，通过错落有致的陕北窑洞式院落，高大的枣树、整齐的菜畦、古拙的石碾石磨等措施塑造“回到老家”的环境氛围（图4-77）。

图4-76　传统村落+多彩田园的整体空间景象

图4-77　传承窑洞民居文化内涵的现代新乡土建筑景观风貌

3. 现代型乡村公共空间风貌特色引导

（1）榆林市榆阳区黄家圪崂村

黄家圪崂位于陕北榆林市区11公里处的黄土高原丘陵沟壑区，境内梁峁起伏、沟壑纵横，地形破碎。近年来，通过生态化建设思想的指导，建成了黄土高原中的现代化生态新村，体现在“清洁水源、清洁家园、清洁能源、清洁田园”等四方面，饮用水达标率为100%，清洁能源的使用率也达到了100%，生活垃圾处理采用“户分类、村收集、乡转运、区处理”的模式。其在公共空间风貌营建中体现出以下几方面特色：

1）秉承传统营建思想，顺应地形地貌环境，依山而建，新建村落融入黄土高原环境之中（图4-78）。

2）注重与水土保持的关系，村落周边进行生态化建设，形成森林与田园围绕的生态景观，滨水区域建设为公共游憩式森林公园（图4-79）。

3）新建建筑均为现代居住形式，同时集成传统窑洞民居的建筑符号及黄土地域的色彩环境，墙体采用土黄色融入黄土地整体环境，屋顶采用民俗文化中的大红色活跃空间氛围（图4-80）。

图4-78　融入黄土地形地貌环境的整体空间形态

图4-79　滨水区域建设森林公园，保持水土并调节气候环境

图4-80　融入黄土窑洞建筑气息的现代建筑

（2）榆林市清涧县王家堡村路遥纪念馆

路遥纪念馆位于清涧县石咀驿镇王家堡村，与路遥故居毗邻相望。馆内展厅分为“困难的日子”、“山花时代”、“大学生活”、“辉煌人生”、“平凡的世界”、“永远的怀念”六个部分，共展出和收藏路遥生前生活用品、手稿、信函、照片、影像视频等珍贵实物及资料600余件（张），真实诠释了路遥的创作历程与各类文学作品，是一处弘扬路遥精神、激励后人奋发进取的人文教育基地。

1）设计以山为背景，建筑融入山体环境，建筑为现代建筑风格，通过土黄色彩、黄土材质、镂空女儿墙屋顶、门窗的窑洞拱顶符号等要素对地域建筑特征予以传承（图4-81）。

2）运用景观雕塑、景观墙、地面铺装、文字墙等形式将路遥的精神、创作历程与生平进行空间展示（图4-82）。

图4-81　融入黄土环境的建筑风貌

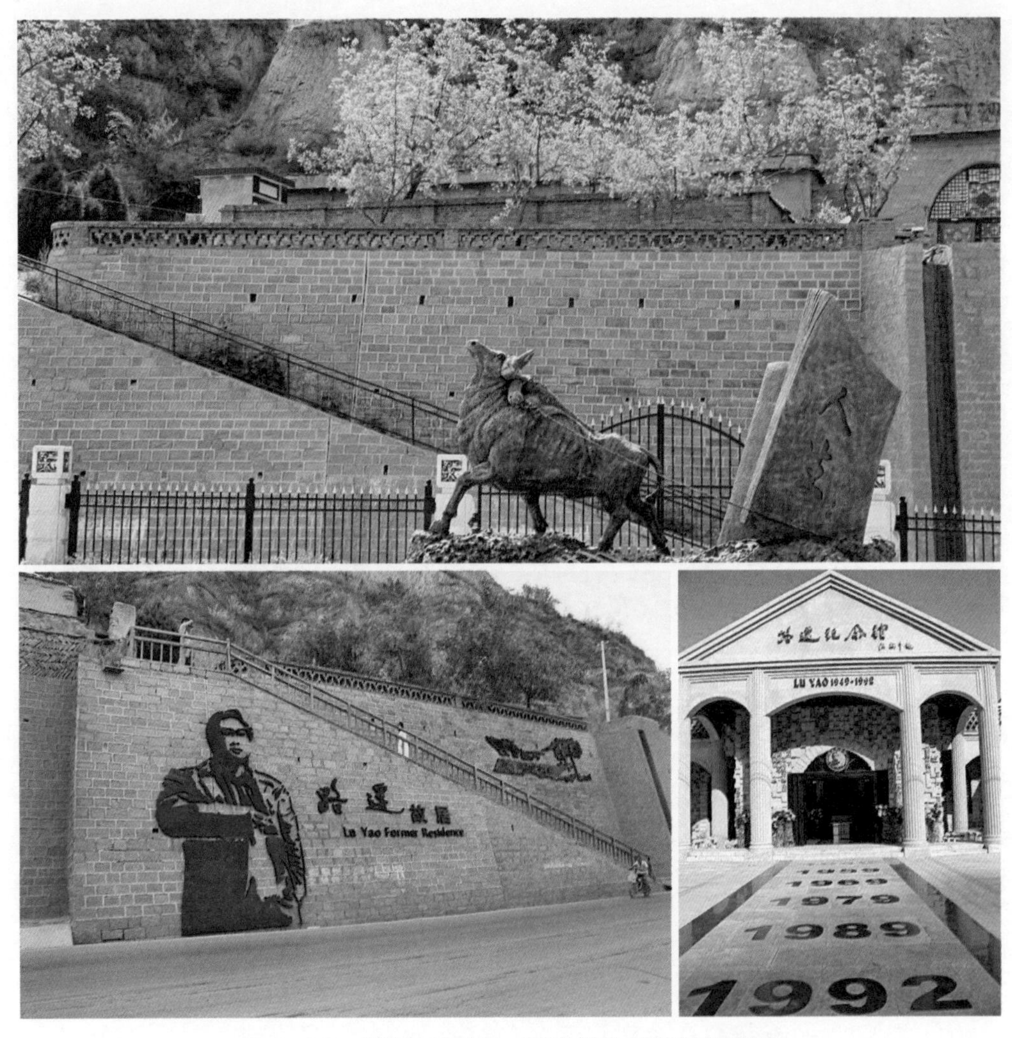

图4-82 雕塑景观墙、路遥创作历程地铺景观

四、陕南乡村公共空间风貌特色引导

（一）引导要点

“两山夹一川”的地貌和温润的气候特征，孕育了陕南乡土聚落兼具湖广游猎文明和江南游耕文明的地域特质，在公共空间风貌塑造中，区

别于陕北、关中两地，凸显以山水田园景观和多元文化交融为特质的公共空间形象。重点从山水关系、文化多元、自然景观三方面进行引导。

（1）陕南地区自然生态环境本底优越，首先应考虑山、水要素对陕南乡村营造的影响，整体上体现栖水而居、因地制宜、自由灵动的营建原则。其中平原地区应秉承“平畴之中、依水而居”的营造理念，低山丘陵地区突出“倚山就势、择水而栖”的空间景象，山地地区彰显“凭山栖谷、顺势而为”的景观特色。

（2）体现文化融合下的多元性景观特质。作为陕西的南部板块，相较于关中、陕北，陕南更具湖广游猎和江南水乡的地域色彩。其乡村聚落景观一方面体现出三国、两汉文化影响下的大气凝重，一方面又透露出婉约江南的轻盈流转。因此，挖掘与彰显地域多元文化气质，在空间形态上体现方正规整与自由灵动结合的特色，是陕南乡村公共空间营造的重要方面。

（3）注重外部景观环境的塑造，将乡村公共空间从内部向外部延展，从功能向景观延伸，通过与自然要素的融合，突出陕南明快清秀的自然田园风光。

（二）分类案例

陕南地区乡村公共空间注重对传统栖水而居营建思想的传承，滨水变亲水，凸显山水人相融的环境特色。传统型公共空间通过宽街窄巷、砖石青瓦、石楼牌坊等的应用和塑造，还原陕南传统乡村聚落的历史意韵。融合型公共空间通过建筑风貌、景观小品等将乡土文化、民俗符号、历史符号、现代艺术等充分结合，既继承了传统，也顺应了时代。现代型公共空间同样注重与自然景观的融合相映，较于传统型和融合型，其风貌多借助现代设计形态，但同样注重传统符号的融入，总体呈现出更现代、更简约的风貌特质。

1. 传统型乡村公共空间风貌特色引导

（1）商洛市丹凤县棣花古镇

棣花古镇位于商洛市丹凤县棣花镇，依山傍水，曾是“北通秦晋，南连吴楚”的商於古道驿站，历史文化、民族文化等多种文化形态在此交织和融合。棣花古镇早年因盛产棣棠花而得名。在小说《秦腔》中，作家贾平凹所描绘的即是棣花古镇风土人情和山水景色。近年来，依托现有乡村，形成集生态与地域文化体验于一体的乡村休闲游览区，乡村特色塑造成效显著。

1）秉承栖水而居的营造理念，融入山水，乡村与山水景观相互交融，景中有村、村中有景（图4-83）。

2）主题化建设。以“两街(宋金街、清风街)、一馆(平凹文学馆)、一荷塘(生态荷塘)和西部花都”为主题项目，打造历史、人文、生态相互交融的新景点，凸显了商於古道上的人文特色（图4-84～图4-86），整体体现出文化与自然、秦风与楚韵相映生辉的特色风情。

3）街巷空间尺度宜人，开合有序，节点空间放大为休憩广场，路面以青石铺砌（图4-87、图4-88）。

4）建筑风貌以传统风格为主，灰瓦坡屋顶，新建区域立面以青砖与木质门窗为主体，色彩以土黄、青灰为主色调，材质以黄土、灰砖、石材、木材为主（图4-89、图4-90）。

5）天际轮廓线设计中，注重建筑群体与山形的关系。通过坡屋顶的起伏营造顺山应势的空间轮廓形态，同时注重滨水区域的天际线变化设计，通过建筑高低错落的天际轮廓（图4-91、图4-92）。

图4-83　融入山水环境的整体空间风貌

图4-84 郊野荷塘景观

图4-85　改造的清风老街——白墙灰瓦碎石路面明沟水系

图4-86　新建的棣花宋金街——黄墙灰瓦砖瓦铺装

图4-87　开合有序的街巷空间

图4-88　街巷节点空间

图4-89　砖石黄土为主要材料的建筑风格

图4-90　灰砖为主要材料的建筑风格

图4-91　顺应山形变化的建筑群天际轮廓线

图4-92 滨水区域天际轮廓线

图4-93　以荷花、垂柳、皂角树等地域树种为主的山水生态环境

6）小品景观设计中，结合地域民俗文化，将体现乡土与生活气息的农业生产设施予以运用，烘托乡愁文化氛围，在绿化配置上，以地域树种为主（图4-93）。

（2）安康市汉滨区鲁家民俗村

鲁家村位于汉滨区大同镇，是以“勤劳质朴、耕读传家”为祖训的鲁氏宗族聚集地，至今保留着越河川道区域仅存的明清四合院民居。近年来，以陕南民俗文化和安康火龙文化为背景，营建民俗特色文化村，建设有陕南美食一条街、火龙表演广场、民间戏楼等一系列传承文化特色的场所，其在空间营建中体现出以下特色：

图4-94 融入山水自然环境的建筑群，共筑景观画卷

1）以山水环境为本底，融入山水，建筑群与对岸竹亭和起伏叠嶂的山峦相映成趣，构成一幅清悠淡远、恍若山水画的景观意境（图4-94）。

2）用竹木作为建筑主料营造传统建筑群，既体现对民俗传统文化特色的传承，也契合地域生态环境，就地取材，融入自然，通过连片建筑组合成与山形连绵起伏相呼应的建筑群（图4-95）。

3）设置表演广场，作为公共活动场所，同时融入火龙表演活动，丰富文化活动的同时传承乡村民俗文化（图4-96）。

2. 融合型乡村公共空间风貌特色引导

（1）商洛市柞水县朱家湾村

朱家湾村位于柞水县牛背梁南麓，风光优美、文化多样，有“天然氧吧”之美誉。森林覆盖率达90%以上，植物资源丰富，气候差异形成了“十里不同天、一天历四季”的特色。

图4-95　与山体起伏相呼应的竹木坡顶建筑群

图4-96　火龙广场与火龙民俗表演

结合资源、生态、区位优势，立足山、水、田、园等现实条件，朱家湾村大力发展乡村旅游经济，形成了社会、经济、环境共同发展的特色乡村，被评为全国首批“最美休闲乡村”，在乡村整体风貌上呈现出传统与现代景观相融合的特色，体现在以下几方面：

1）以山体为背景环境，整体呈现“远处群山、近处田园、村落点缀”的景观风貌特色，村落内部处处可见山（图4-97、图4-98）。

2）秉承“农耕文化为魂、美丽田园为韵、生态农业为基、创造创新为径、古朴村落为形”的理念，营造古朴自然的乡村整体风貌。村内公共区域通过土墙篱笆、石磨瓦罐、柴垛耕具、油灯线车设计，唤起乡愁记忆的同时也对民俗文化予以传承，与大秦岭融为一起。同时，传统与现代风貌相融合的民居建筑群与山水生态环境交相辉映，田园风情浓郁（图4-99、图4-100）。

3）建筑群因形就势，道路联系顺应山体变化（图4-101）。

4）改造传统民居，墙面全部采用特色土坯墙，全土夯建设，墙体冬暖夏凉，既是对传统营造的继承，也凸显生态化营造理念。

图4-97　远处为山、近处为田的特色人居空间景观风貌

图4-98　远眺秦岭的视觉感受

图4-99　传统建筑群的景观化整治与提升，凸显乡村田园气息

图4-100　乡土材料营造出乡土与田园气息浓郁的景观设施

图4-101　因形就势的公共空间设计

图4-102　田园花卉景观与村落、山体相融合

5）通过向日葵、花卉、油菜花等不同类型植物塑造特色花田景观，同时促进乡村经济发展（图4-102）。

6）对乡村庭院进行改造，既体现乡土文化气息，也融入现代园林营造理念，形成多元化景观环境（图4-103）。

图4-103　传统风格与现代园林造景相融合的民宿酒店

图4-104　文化创意与乡土体验相结合的景观特色

7）将娱乐设施与景观塑造相结合，在休憩中体验乡土特色，在娱乐中感受创意文化（图4-104）。

图4-105　乡土文化与现代创意文化相结合的标识设施

8）强化村内导览标识体系建设，通过现代传统材料的现代设计及地域木质材料的运用，形成多元的导览标识景观（图4–105）。

（2）汉中市大河坎区陈村

陈村位于汉中市大河坎区阳春镇西北，区域内水库较多，乡村整体环境清雅秀丽，田园氛围浓郁，近年来，随着乡村旅游的促进，陈村按照汉中市旅游总体发展思路，转变传统发展路径，大力发展乡村旅游，其在空间风貌塑造上形成如下几方面特色：

1）打破仅从乡村内部空间更新的发展模式，将乡村公共空间置于田园之中，注重外部山水、田园与乡村的融合发展，进行田园景观化塑造，建设田园公共游览区，强化联系田园之间的乡野道路建设（图4–106）。

图4-106　将公共空间扩展到田园环境，塑造山水田村交融特色景象

2）结合地形环境，建设立体化田园景观环境，与民宅交相辉映，既有传统老宅的灰顶土墙，也有新建区域的白墙红顶，与绿水青山油菜黄花共筑多彩的乡村特色风貌景象（图4-107）。

3）乡村自治发展，乡村公共空间景观环境建设进行引导，对于乡村建筑风貌不作统一要求，但新建区域建筑风貌应体现对地域建筑的色彩、屋顶、材质、形式的传承（图4-108）。

4）控制新建区域建筑高度，以2层建筑作为控制上限，高低错落有致，新老建筑共同形成的天际线与山体走向相呼应（图4-109）。

5）滨水空间保留原生态自然驳岸，部分活动区域与观景区域设置石材硬质场地，利用水系设置体现乡土生活特色的水车、渔船等公共活动与游览设施，减少人工干预（图4-110）。

图4-107　结合地形环境立体化建设田园游览活动区

图4-108　传统与现代融合的建筑风貌

图4-109　融入山水的天际轮廓线

图4-110　原生态的滨水驳岸景观，点缀体现乡土化气息的景观与娱乐设施

3. 现代型乡村公共空间风貌特色引导

（1）安康市平利县龙头村

龙头村位于安康市平利县城南。近年来，通过乡村旅游带动发展，龙头村整体呈现“碧水蓝天马头墙、翠竹绿树映山庄”的特色风貌景象，洁净宽阔的乡村道路蜿蜒盘旋、清新亮丽的徽派民居错落有致、恬静优美的生态庭院如诗如画、整齐划一的有机农田生机盎然，勾画出一幅“富裕文明、祥和宁静、和谐有序”的社会主义新农村画卷。在乡村公共空间风貌塑造中，主要有以下几方面特色：

1）充分遵循地域自然环境特征，塑造山水村交融的空间景象，村庄整体形态依山傍水、错落有致、顺应山形水系变化（图4-111）。

图4-111　依山傍水、错落有致，山水田园乡村交融的聚落形态

图4-112　农耕文化及地域文化通过景观小品设施设计予以承载体现

图4-113　白墙、灰顶、绿水青山、蓝天、红花共筑多彩乡村景观

2）新建筑通过屋顶、色彩、尺度、高度、风格、材质等方面与传统建筑取得协调统一，同时融入马头墙新屋顶形式，使得空间形态更加灵动。

3）通过雕塑、场景、主题建筑等方式映现秦楚农业文明的发展历程和先民生产生活方式，集中展示乡土风俗民情（图4-112）。

4）以地域树种为主，注重立体化与季相景观的塑造，进而与白墙灰瓦、青山蓝天背景构筑多彩乡村景象（图4-113）。

（2）商洛市山阳县前店子村

前店子村位于秦楚文化交融的漫川关镇，村落依山傍水。在空间风貌特色塑造中，将徽派建筑、亭台楼阁与山水环境交融，共同构成“小桥流水人家”的空间景象。

1）以“山水盆景”为理念进行乡村公共空间景观环境营建，将大山作为“盆”，村落作为“景”，尊重山水的同时又积极利用山水，将山水生态环境引入村内，将地域特色的徽派民居文化予以延展，通过白墙叠院、青绿瓦片、木雕石刻、高脊飞檐、回廊曲径共同绘就一幅和谐俊秀的水墨画卷（图4–114）。

2）文化立村。乡村整体营建吸收了秦风楚韵、南北艺术精华，在设施建设上凸显古香古色古韵的格调，在环境整治中突出自然村落、民俗院落、原乡风貌，在公共中心汇集农耕文化和徽派艺术元素，在民俗活动中沿袭传统曲艺文化（图4–115、图4–116）。

3）通过徽派民居改造、田园旅道等措施，建成漫川人家——西北最大的私家园林博物馆、鼎盛源现代农业产业示范区、旅游商业步行街，

图4–114　山水盆景理念塑造的空间整体风貌

图4-115　古朴的园林景观风貌

图4-116　乡野农耕文化的空间体现

以及中药材观赏园、林果采摘园和千亩荷塘观赏园等具有地域优势和乡村特色的文化、旅游、产业集群，促进经济发展的同时彰显地域文化内涵特色（图4-117～图4-119）。

图4-117　徽派建筑风格的园林博物馆

图4-118　花卉农业观光园

图4-119　改造的徽派民居建筑风貌

4）街道空间景观多样。一方面打破严整的街巷空间形式，通过错落有致的建筑布局塑造变化丰富的空间感受；另一方面将竹篱笆院、灰砖围墙、竹林等乡土气息浓郁的景观设施与白墙灰瓦的建筑有机融合，整体呈现古今融合的徽派风格乡村风貌。

5）将水系进行景观化建设，水中种植荷花等经济效益与景观效益兼有的植被，既彰显特色，也增加村民收益。

（3）汉中市大河坎区乡村旅游重要节点改造示范

近年来，随着汉中市全域旅游发展的战略实施，美丽乡村观光休闲旅游成为全域旅游发展的重要支撑。大河坎区结合境内乡村旅游发展情况，根据不同区段的线路风格特点和定位，针对主要旅游干线公路沿线提升环境景观风貌、配套服务设施。

结合旅游道路两侧绿化带、房屋建筑风貌、农户庭院花池、候车亭、垃圾池、桥涵、部分观景平台、公厕、指示牌等进行系统改造提升，在完善功能的同时兼具景观性、文化性与生态性。

围绕构建“花乡南郑”的景观意向进行总体提升，营造“四季花乡（香）”的特色景观风貌；进行民居风貌改造与设施建设，形成具有独特文化标志的旅游景观节点，既服务于乡村生活，也促进旅游形象与品牌建设。

在山水生态游线路景观整治上，在乡土景观基础上混搭现代艺术，从交通条件改善、景观整治、聚落环境优化等多方面予以系统性提升。从实际出发，破除单纯地建设观赏性构筑物的传统方式，突出时尚简洁、生态环保，运用鲜花地景艺术创新布景（图4-120、图4-121）。

在乡村度假旅游线路的景观环境整治中，充分呼应乡村度假游主题，强化陕南地方传统文化符号。采用花卉文化墙、水车、小品构筑物等小

图4-120　融入田园景观与民居文化特色的乡村交通空间景观风貌

图4-121　乡村入口门户景观风貌特色塑造

图4-122　红寺湖入口区域乡村门户空间景观风貌

尺度的设计手法呈现多层次空间、色彩丰富的景观风貌，增加休闲凉棚廊架等休闲设施（图4-122～图4-124）。

东线美丽乡村游沿线重点开发休闲农业和乡村旅游，差异化发展乡村旅游产品，拓宽沿线乡村道路，改善交通条件。建设观景台、观景点、旅游公厕等基础配套设施，设置不同的乡村游览主题体验线，如自行车骑行、徒步健走、山地穿越、农户家访等，丰富乡村景观感受（图4-125～图4-127）。

在乡村环境整治中，以红色文化、乡土文化、乡村手工艺、特色农产品、民俗宗教为导向，以山水田园环境和民风民俗为原型要素，用现代艺术形式(如彩绘、写实雕塑、抽象铁艺、壁画、浮雕等)进行特色呈现，并以此延伸发展相关配套接待服务，形成具有陕南典型民俗文化特征的景观（图4-128～图4-130）。

图4-123　村庄道路沿线景观环境特色提升景象

图4-124　石门村交通沿线乡村空间景观提升景象

图4-125 望山看水的乡村观景平台

图4-126　观景与休憩相结合的乡村休憩空间

图4-127　乡村公厕及景观设计

图4-128 乡村滨水休憩节点景观设计

图4-129　融入红色文化与乡土文化的乡村交通节点空间景观设计

图4-130　融入红色文化与田园景观的乡村护坡景观设计

参考文献

[1] 梁思成. 梁思成文集 [M]. 北京：中国建筑工业出版社，2001.

[2] 吴良镛. 人居环境科学导论 [M]. 北京：中国建筑工业出版社，2001.

[3] 吴良镛. 中国人居史 [M]. 北京：中国建筑工业出版社，2014.

[4] 董鉴泓. 中国城市建设史 [M]. 北京：中国建筑工业出版社，2004.

[5] (美) 培根等著. 黄富厢等编译. 城市设计 [M]. 北京：中国建筑工业出版社，1989.

[6] 凯文·林奇. 城市意象 [M]. 北京：华夏出版社，2001.

[7] (奥) 卡米洛·西特. 仲德崑译. 城市建设艺术 [M]. 南京：东南大学出版社，1990.

[8] 麦克·哈格. 设计结合自然 [M]. 北京：中国建筑工业出版社，1992.

[9] 吴良镛. 中国城乡发展模式转型的思考 [M]. 北京：中国建筑工业出版社，2009.

[10] 彭一刚. 传统村镇聚落景观分析 [M]. 北京：中国建筑工业出版社，1992.

[11] 齐康主编. 城市建筑 [M]. 南京：东南大学出版社，2001.

[12] 任致远. 解读城市文化 [M]. 北京：中国电力出版社，2015.

[13] 朱士光. 黄土高原地区环境变迁及其治理 [M]. 郑州：黄河水利出版社，1999.

[14] 李令福. 古都西安城市布局及其地理基础 [M]. 北京：人民出版社，2009.

[15] 史红帅. 明清时期西安城市地理研究 [M]. 北京：中国社会科学出版社，2008.

[16] 朱士光. 古都西安——西安的历史变迁与发展 [M]. 西安：西安出版社，2003.

[17] 胡武功. 西安记忆 [M]. 西安：陕西人民美术出版社，2002.

[18] 周庆华，黄土高原·河谷中的聚落——陕北地区人居环境空间形态模式研究 [M].

北京：中国建筑工业出版社，2008.

[19] 中华人民共和国住房和城乡建设部. 中国传统建筑解析与传承·陕西卷[M]. 北京：中国建筑工业出版社，2017.

[20] 王建国. 城市设计[M]. 北京：中国建筑工业出版社，2009.

[21]（美）尼科斯. 穿越神秘的陕西[M]. 西安：三秦出版社，2009.

[22] 王崇人. 古都西安[M]. 西安：陕西人民美术出版社，1981.

[23] 史海念. 西安历史地图集[M]. 西安：西安地图出版社，1996.

[24] 国家文物局. 中国文物地图集·陕西分册[M]. 西安：西安地图出版社，1998.

[25] 陕西省住房和城乡建设厅，西安建大城市规划设计研究院. 陕西省城乡建筑风貌特色研究. 2014.

[26] 王景慧，阮仪三，王林. 历史文化名城保护理论与规划[M]. 上海：同济大学出版社，1999.

[27] 王树声. 黄河晋陕沿岸历史城市人居环境营造研究[M]. 北京：中国建筑工业出版社，2009.

[28] 吴伟. 城市特色：历史风貌与滨水景观（历史环境保护的理论与实践）[M]. 上海：同济大学出版社，2006.

[29] 张锦秋. 晨钟暮鼓声闻于天——西安钟鼓楼广场城市设计[J]. 城市规划，1996（06）：36-39.

[30] 宛素春. 城市空间形态解析[M]. 北京：科学出版社，2004.

[31] 孙启祥. 陆游汉中诗词选[M]. 陕西：陕西人民出版社，1993.

[32] 刘清河. 汉水文化史[M]. 陕西：陕西人民出版社，2013.

[33] 吴良镛. 通古今之变·识事理之常·谋创新之道[J]. 城市规划，2006.

[34] 陈宇琳. 基于“山—水—城”理念的历史文化环境保护发展模式探索[J]. 城市

规划，2009.

[35] 余柏椿，周燕. 论城市风貌规划的角色与方向 [J]. 规划师，2009，(12)：22-25.

[36] 蔡晓丰. 城市风貌解析与控制 [D]. 上海：同济大学博士学位论文，2005.

[37] 杜春兰. 地区特色与城市形态研究 [J]. 重庆建筑大学学报，1998 (03)：26-29.

[38] 张继刚. 城市景观风貌的研究对象、体系结构与方法浅谈——兼谈城市风貌特色 [J]. 规划师，2007.

[39] 沈青基. 论基于生态文明的新型城镇化 [J]. 城市规划学刊，2013.

[40] 西安曲江芙蓉新天地商业综合体 [J]. 建筑与文化，2015 (04)：25-29.

[41] 苗阳. 我国历史性城市更新中文脉传承及策略研究 [D]. 上海：同济大学博士学位论文，2005.

[42] 林柯余，袁奇峰. 宜居城市建设视角下的城市特色营造与追寻——中德的对比与启示 [J]. 现代城市研究，2010，06-09.

[43] 邢海虹，赵娟. 以旅游为支柱产业的中等城市特色研究——以汉中市为例 [J]. 大庆师范学院报，2010，06-09.

[44] 西安市规划局，西安建筑科技大学，西安市城市规划设计研究院. 西安城市总体规划2004-2020. 2004.

[45] 西安建大城市规划设计研究院，西安市城市规划设计研究院. 西安总体城市设计. 2015.

[46] 西安市城市规划设计研究院，西安建筑科技大学. 西安历史文化名城保护规划. 2004.

[47] 西安市规划局. 西安市城市建设文化体系规划. 2004.

[48] 国家发展和改革委员会主任：徐绍史. 国务院关于城镇化建设工作情况的报告. 2013年6月26日在第十二届全国人民代表大会常务委员会第三次会议上.

后记

本书作为陕西省域城乡风貌特色研究工作的深化与具体落实，与既有成果《陕西省城乡风貌特色研究》的核心思路一脉相承。公共空间的理解见仁见智，本研究在借鉴相关学术观点的同时，主要从政府公共管理角度对全省城乡公共空间进行分类示范与引导，各地在具体开展工作中可结合地域实际情况进行拓展补充或重新归类，本书仅起抛砖引玉之用。

书稿编写过程中，许多专家、领导对本书研究工作给予很多帮助与大力支持，在此由衷地表示感谢。此外，作为陕西省住房和城乡建设厅指导全省城乡空间建设发展的公益性成果，本书所引用的相关文献、图片、项目简介及政府宣传文件也为研究工作奠定了重要的基础，由于种种原因难以一一注明，在此一并致谢。

本书完成并不意味着研究的结束，而是拉开陕西城乡空间特色塑造的新序幕，将对陕西城乡空间风貌特色营造起到重要的推动与促进作用，在当前中华民族伟大复兴的时代背景下，在建设美丽中国与体现以民为本的发展思想指引下，如何通过城乡空间风貌的建设彰显地域特色与增强文化自信，我们还任重而道远。

书稿中难免有不知之处，欢迎各方专家、领导及学者对本书提出批评指正！